U0168143

图解算法

図解まるわかり
アルゴリズムのしくみ

［日］增井敏克 ＼ 著

潘咏雪 ＼ 译

中国科学技术出版社

·北 京·

図解まるわかり アルゴリズムのしくみ
(Zukai Maruwakari Algorithm no Shikumi : 7160-9)
© 2021 Toshikatsu Masui
Original Japanese edition published by SHOEISHA Co.,Ltd.
Simplified Chinese Character translation rights arranged with SHOEISHA Co.,Ltd.
through Shanghai To-Asia Culture Co., Ltd.
Simplified Chinese Character translation copyright © 2024 by China Science and
Technology Press Co., Ltd.
All rights reserved.
北京市版权局著作权合同登记　图字：01-2024-0232。

图书在版编目（CIP）数据

图解算法 / （日）增井敏克著；潘咏雪译 . —北京：
中国科学技术出版社，2024.6
ISBN 978-7-5236-0539-4

Ⅰ . ①图… Ⅱ . ①增… ②潘… Ⅲ . ①计算机算法—
图解 Ⅳ . ① TP301.6-64

中国国家版本馆 CIP 数据核字（2024）第 042115 号

策划编辑	何英娇	责任编辑	何英娇
封面设计	东合社	版式设计	蚂蚁设计
责任校对	张晓莉	责任印制	李晓霖

出　　版	中国科学技术出版社
发　　行	中国科学技术出版社有限公司销售中心
地　　址	北京市海淀区中关村南大街 16 号
邮　　编	100081
发行电话	010-62173865
传　　真	010-62173081
网　　址	http://www.cspbooks.com.cn

开　　本	880mm×1230mm　1/32
字　　数	180 千字
印　　张	7.25
版　　次	2024 年 6 月第 1 版
印　　次	2024 年 6 月第 1 次印刷
印　　刷	大厂回族自治县彩虹印刷有限公司
书　　号	ISBN 978-7-5236-0539-4 / TP・472
定　　价	69.00 元

前言

许多人听到"算法"这个词，就觉得它很难懂，需要专业的编程知识才能明白。然而，算法只是一个计算的"步骤"，不需要学会计算机和编程语言。

研究算法的目的不是"思考新的算法"，而是了解现有算法的特点，并"能够在正确的情况下使用每一种算法"。

当涉及系统的实际运行时，有必要创建一个程序并让计算机运行它，但许多时候只要知道其中的诀窍，就可以进行实际操作。

现在，许多有用的库已经出现，这意味着程序员很少需要从头开始编写算法。这些库包含了我们的前辈在过去的开发中展现的独创性，现在使用的软件都是基于他们创造的技术。

重要的是要知道哪些算法在哪些情况下是有用的。例如，本书介绍的一些算法被用于查询前往某个目的地的火车路线的服务，或用于汽车导航系统等软件。大家还在公司内部使用的系统中使用数据分类和搜索等技术。了解典型的技术不仅可以让你避免从头开始编程，还可能使你通过一点儿小聪明实现更快的处理，甚至是进行那些不能用库来完成的复杂过程。

本书不仅介绍市面上通行的算法教科书中涉及的主题，还会向大家说明机器学习和密码学中使用的算法。我们鼓励那些有兴趣了解更多信息的人阅读各自领域的专业图书。

增井敏克

目录

第 2 章 如何存储数据？
~ 它们各自的结构和特点 ~

第3章 对数据进行分类
~按照规则排列数字~

第4章 查找数据
~ 如何快速找到所需的值? ~

第 **5** 章 机器学习中使用的算法
~支持人工智能的计算方法~

第 **6** 章 其他算法
~ 典型案例 ~

第 1 章

算法基础知识

~算法的作用是什么?~

» 进行快速准确运算的步骤

软件的范畴

当我们使用计算机时，不仅需要键盘、鼠标、中央处理器（CPU）和硬盘等硬件，还需要对硬件进行操作的软件。软件包括操作系统（基础软件）和应用系统（应用软件）。这些不仅包括执行处理的程序，**还包括记录了程序处理的数据以及程序使用方法的手册**（图1-1）。

编程的流程

编程是指程序的创建，有时被称为系统开发或软件开发。编程的范围可以指整个开发过程（图1-2），也可以仅指实施过程。

需求过程决定了要开发什么，设计过程决定了如何开发。实施是创建源代码，有时被称为编码。开发的程序需要进行测试，以确保其正确运行，如果运行正常，则投入使用，并进入运营和维护阶段。

算法究竟是什么？

一个程序的初始化时间取决于源代码的编写方式。我们身边的问题存在多种解法，即使方法不同，仍旧可以得到相同的答案。同理，编写一个程序也有不同的方法（图1-3）。这种步骤或运算方法被称为算法。为此，开发者必须从几个备选方案中选择一个最好的方法，以便大大减少处理时间①。

---

① 又被称为"CPU时间"，指CPU全速工作时完成该进程所花费的时间。——译者注

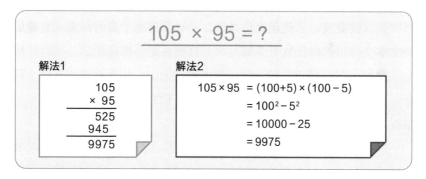

个人电脑　智能手机　网络服务器

应用系统

个人电脑	智能手机	网络服务器
Word、Excel、网络浏览器、新年贺卡打印、音乐播放……	SNS、地图、交通信息、网络浏览器、音乐播放……	购物网站、客户管理、搜索网站、新闻……

软件

操作系统

Windows、macOS……	Android、iOS……	Windows、Linux……

硬件

键盘、鼠标、CPU、内存……	触摸屏、麦克风、CPU、内存……	冗余电源、CPU、内存……

图1-1　　　　　　　　　　　　计算机的组成

需求	设计	实施	测试	运营和维护
要做什么	怎么做	实际操作	能否正确运行	视需要而定

图1-2　　　　　　　　　　　　开发过程

$$105 \times 95 = ?$$

解法1

```
      105
   ×   95
      525
     945
     9975
```

解法2

$$105 \times 95 = (100+5) \times (100-5)$$
$$= 100^2 - 5^2$$
$$= 10000 - 25$$
$$= 9975$$

图1-3　　　　　　　　有多种方法可以解决问题

要点

⌕ 程序是软件的一部分，程序的创建被称为编程。

⌕ 由于处理一个程序所需的时间取决于源代码的编写方式，程序员必须选择最有效的方法。

» 让数据更容易处理

便于使用的文件因人机差异而产生不同

当我们处理数据时，我们通常使用文件。文件主要分为两种类型：文本文件和二进制文件（图1-4）。

文本文件是完全由数据组成的文件。当在记事本等软件中打开文本文件时，它们被显示为字符，因此很容易阅读。

二进制文件是文本文件以外的文件，如图像和音乐。它们不是给人准备的，而是交由专门的软件进行读取，并不转化为文本。

计算机处理的数据类型

考虑到数据需要在软件中处理，因此有必要在文件中写入文件内容所包含的意义。二进制文件可以以一种程序易于处理的形式存储，而文本文件可以以任何方式编写，而且项目是不固定的。

例如，在只排布了句子的记事本或日记中，你不知道你在哪个部分写了什么，为了搜索，你必须进行全文检索并确定其内容。这种数据被称为非结构化数据（图1-5）。

然而，在一个逗号分隔值（CSV）文件（如地址簿）中，姓名和地址等项目是一目了然的。如今，超文本标注语言（HTML）文件的创建也越来越多地考虑到了标签（管理），这种便于计算机处理的数据被称为结构化数据。

结构良好的数据可以被有效地搜索，并且可以快速进行添加和删除，这不仅适用于文件，也适用于程序内部。因此，在创建程序时，你应该将数据结构与算法结合起来考虑。

文本文件	二进制文件
· txt、rtf · HTML、CSS · CSV · JSON · XML · …	· 图片（bmp、png、jpeg、…） · 音频（mp3、wma、…） · 视频（mov、mp4、…） · PDF · 压缩形式（zip、lzh、…） · …

图1-4　文本文件和二进制文件

非结构化数据　　　　　　　　　　　　结构化数据

今天我和○○先生/
女士去了××。
从早晨开始天气就很
好，我们玩得很开心。
如果有机会，我还想再去。

姓名	邮政编码	住所	电话号码
铃木太郎	112-0004	东京都文京区○○	090-1111-2222
山田次郎	105-0011	东京都港区○○	090-2222-3333
佐藤三郎	110-8711	东京都台东区○○	090-3333-4444
田中花子	160-0014	东京都新宿区○○	090-4444-5555

从列上看，相同的
项目在同一列中。

标签告诉你里
面有什么。

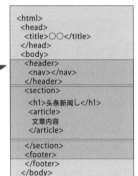

```
<html>
 <head>
  <title>○○</title>
 </head>
 <body>
  <header>
   <nav></nav>
  </header>
  <section>
   <h1>头条新闻し</h1>
   <article>
    文章内容
   </article>
  </section>
  <footer>
  </footer>
 </body>
```

这只有句子，所以你不
知道名字在哪里，地点
在哪里，等等。

不能通过音频、视
频或图像进行搜索。

图1-5　非结构化数据和结构化数据

要点

🖉 非结构化数据不适合在计算机上搜索。

🖉 在了解结构化数据的结构后，可以快速对其进行处理。

🖉 即使在一个程序内部，数据结构以及快速处理的算法也很重要。

» 什么是好的计算机程序？

人们对计算机的需求

当我们使用软件时，我们所认为的"好"因人而异。其中一个标准可能是设计赏心悦目，操作简单易懂，而对于初学者来说，重要的是说明手册的组织结构合理（图1-6）。

这个标准当然很重要，它让你感觉这个软件**能有效地进行数据处理**。无论设计多么漂亮，如果从输入到响应需要很长的时间，你就无法长时间操作。另外，无论屏幕反应有多灵敏，如果只进行简单的操作就产生大量的数据，并很快占据磁盘空间，那么它就无法胜任你所需的工作。

无论CPU的速度有多快，内存、硬盘和其他硬件的容量有多大，都需要有更好的使用效率来高效率地利用它们。

从处理的时间和使用的能力方面考虑

即使是高效的程序在进行处理时也需要花费不同的时间，这取决于它们所处理的内容是什么。如果需要进行复杂的计算，则不可避免地需要更长的处理时间。

在考虑时间效率时，**处理时间随着数据量的增加而增加**。"好算法"意味着即使处理的数据量很大，也不会增加更多的处理时间。

然而，处理时间本身并不是唯一的决定因素。例如，如果你进行一个复杂的计算，需要很长的时间来处理，你可以提前保存所有的计算结果。在这种情况下，结果不是计算出来的，而只是从存储的结果中检索出来的。但这种高速处理的前提是，需要有一个地方来存储数据。因此，需要考虑使用的内存和磁盘空间的数量（图1-7）。

易于学习，并能立即开始工作。

易学性

6
5
4
3
2
1
0

●一旦学会了，就能高效
地使用。
●可以实现高生产率。

符合用户的喜好和期待，并使
个人感到满意。

主观满意度

效率

●错误率低，出错风
险小。
●如果真的发生错误，
可以迅速恢复。
●不可能出现致命的
错误。

即使有一段时间没有使
用，你也能记住并在需
要时直接使用。

错误发生率

容易记忆

图1-6　　可用性指标（尼尔森对可用性的定义）

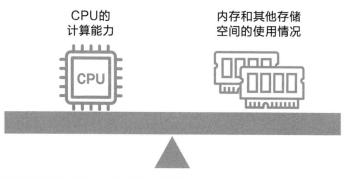

CPU的
计算能力

内存和其他存储
空间的使用情况

CPU

图1-7　　既要考虑处理的时间，又要考虑使用的能力

要点

🖉 在考虑软件够不够好时，人的主观满意度和易学性等指标很重要，
但效率也同样重要。

🖉 当数据量增加时，处理时间不会增加太多，这样的算法可以说是一
个"好的算法"。

🖉 算法计算时间少，但如果存储空间需求量大，也是没有意义的，所
以需要同时考虑计算所需的时间和存储所需的空间。

比较各种算法的标准

评估算法处理速度的指标

考虑一下当需要处理的数据量增加时，处理时间会增加多少。如果增加10个、100个或1000个数据，测量所花费的时间，你就可以了解处理时间的变化（图1-8）。

然而，利用这种方法，在程序实施之前不可能知道该算法是好是坏。**如果在设计阶段不能选择正确的算法，在开发后可能没有时间纠正问题，最终导致无法在固定期限内完成。**

如果运行的计算机不同，处理时间也会改变。使用高性能的程序处理数据，在开发者的计算机上可能仅需要1秒的时间，但在用户的计算机上可能需要10秒。

改变编程语言也会这样。同样的算法在用C语言处理时可能很快，但用Python这样的脚本语言可能需要更长的时间。

出于这个原因，计算复杂性（数据量）是一个评估算法处理速度的指标，它不受环境和语言的影响。

计算复杂性之间的对比

当有几种算法备选时，要对比它们的计算时间。忽略那些对处理时间没有重大影响的部分（大约是一个恒定的数）后，用来描述它们的方法被称为渐进，它的书写方式被称为渐进符号。在书写时，要使用符号"O"，也被称为大O符号。

例如，假设输入的数量是n，如果计算复杂性与这个n成正比，就用$O(n)$的形式表示；如果与这个n的平方成正比，就用$O(n^2)$的形式表示，以此类推。换言之，如果有两种算法，$O(n)$和$O(n^2)$，可以确定$O(n)$算法的计算时间更短（图1-9）。

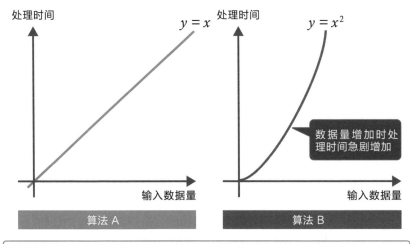

图1-8　　　　　　　数据量增加时，处理时间的变化

处理时间	渐进	实例
短	$O(1)$	访问数组元素
	$O(\log n)$	二进制搜索
	$O(n)$	线性搜索
	$O(n\log n)$	合并排序，快速排序
	$O(n^2)$	选择排序，插入排序
	$O(n^3)$	矩阵乘法
	$O(2^n)$	背包问题
长	$O(n!)$	巡回推销员问题

图1-9　　　　　　　渐进的对比

要点

✎ 计算复杂性是评估算法处理速度的一个指标，而渐进是描述算法的一种方式。

✎ 渐进可以忽略那些对整个处理时间没有重大影响的部分，给出一个处理时间增加的粗略概念。

» 差异取决于实施的语言

选择一种编程语言

在创建一个程序时，要编写源代码，用来编写这个源代码的语言被称为编程语言。与我们日常使用的语言不同，编程语言是**为计算机处理而设计的**，据说世界上有成千上万种编程语言。

你可以基于你想要创建的东西和你的喜好，从众多的编程语言中选择一种。例如，C#适用于Windows应用程序，Swift适用于iOS应用程序，Kotlin适用于Android应用程序，PHP或JavaScript适用于Web应用程序，等等。一旦你决定要做什么，选择范围就会缩小到一定程度，剩下的是基于公司和个人的偏好进行选择（图1-10）。

如何转换为程序？

编写源代码并不意味着一个程序可以自己执行。源代码需要转换为程序，根据使用的方法可分为编译器和解释器（图1-11）。

编译器是一种**事先将源代码分批转换为程序的方法，执行时用转换后的程序来处理**。就像翻译文件一样，预转换需要时间，但程序执行时可以高速处理。

解释器是一种**在执行源代码**的同时进行转换的方法，它就像一个口译员，在你说话的时候，翻译出来的文字就会被传达出来。不需要事先工作，但执行时需要更长的时间来处理。

最近，出现了一些看似由解释器顺序转换，但内部却以编译器的方式进行转换的语言，称为即时编译，第一次执行时需要较长的时间，但从第二次开始处理速度可以加快。

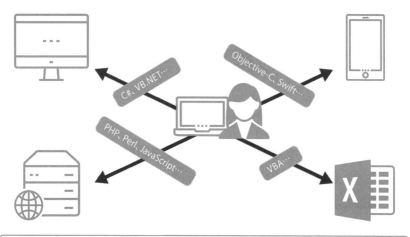

图 1-10　　根据你想要创建的内容选择一种编程语言

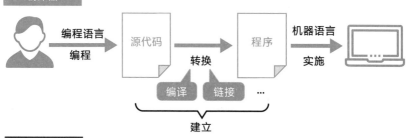

图 1-11　　编译器和解释器之间的差别

要点

∥ 有许多不同类型的编程语言，你需要根据你想要创建的内容来选择。

∥ 有两种执行用编程语言编写的源代码的方式：编译器和解释器。

1-6

» 一套便捷的算法集合

对一般的程序开发来说便捷有用的功能

库是许多程序中常用的有用功能的集合。例如，发送电子邮件、记录日志、数学函数计算和图像处理、加载和保存文件等。

库使你很容易实现你想要的功能，而不需要从头开始编程。此外，一个库可以被多个程序共享，从而更有效地利用内存和硬盘等（图1-12）。

快速算法库

许多编程语言为常用的算法提供了库，程序员可以在不了解其内部的情况下轻松实现这些算法。

例如，在编程语言Java中，提供了日期处理、数学计算、图像处理和电子邮件发送等功能的库，还附带了字符串搜索和分类（排序）。这些都可以通过简单的加载来轻松地进行分类（图1-13）。

有了这样的库，排序和其他算法就很少需要从头开始实施。在许多语言中，你所要做的就是准备好数据并调用排序程序进行快速处理。

那么你可能会认为，既然这样，就不需要学习算法了。当然，当你在工作中使用排序时，你可以使用库。然而，如果你不知道算法，就只会进行分类。如果一个数据或程序不在既定的库中，你必须自己想办法。**在需要类似处理的情况下，你是否知道排序算法对你创建的程序的性能有很大的影响？**

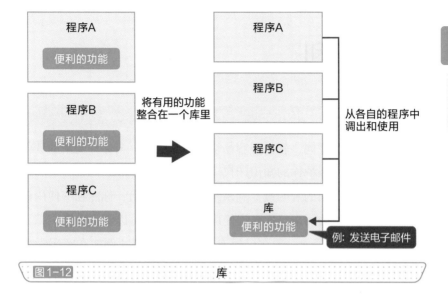

图1-12 ···························· 库

```java
import java.util.Arrays;          ←──────────────── 加载库

class Test
{
    public static void main (String[] args)
    {
        int[] a = {1, 8, 3, 7, 2, 4, 9, 5, 6};   ← 准备数据
        Arrays.sort(a);                          ← 准备数据
        System.out.println(Arrays.toString(a));  ← 输出结果
    }
}
```

图1-13 ··············· 带库的源代码实例（Java）

要点

✎ 库使得许多程序能够方便地实现常用的功能。

✎ 许多编程语言为常用的算法提供了库。

》 算法权利

对软件进行保护的机制

与工业产品不同，软件很容易被复制。因此，当你开发新的软件时，你应该考虑保护你的知识产权（图1-14）。

当你的一项新的发明被专利系统授予专利权后，你能独家使用该技术，如果其他公司未经你允许使用该专利，你可以要求赔偿。

软件有软件专利，现在已经有许多软件专利，例如在密码学方面。法庭上已经有关于此类专利的案件。**算法可以作为一项发明申请专利，但有一个缺点，就是申请后会使技术为人所知。**请注意，编程语言不被视为发明，也没有专利。

源代码的著作权

像专利一样，著作权也是对作者的一种保护，包括对作者创作的文本和音乐等给予保护。但其又与专利不同，著作权在你创作了作品后就产生了，不需要申请。

程序的源代码也是有著作权的，未经许可，**你不能复制别人创造的源代码并将其用于自己的软件。**一个组织开发的源代码通常由该组织拥有著作权。此外，编程语言和算法是没有著作权的。

最近，越来越多的源代码以开源（开放源代码）的形式进行发布。在这种情况下，只要遵守指定的许可证，就可以自由使用、修改和发布源代码。但也需遵循一些条件，如允许公开修改部分的源代码，所以要检查许可证的内容（图1-15）。

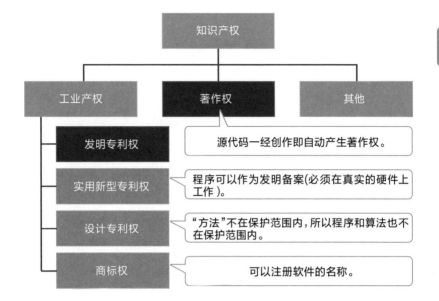

图1-14 知识产权的类型

类型	许可证的例子	修改的部分的源代码披露	其他软件的源代码披露
抄袭型	GPL、AGPLv3、EUPL	必要	必要
半抄袭型	MPL、LGPLv3	必要	不需要
非抄袭型	BSD License、Apache 2.0 License、MIT License	不要	不需要

参考:《关于开放源代码软件（OSS）许可比较和使用趋势及争议的调查》（日本信息技术振兴机构）

图1-15 开放源代码许可证

要 点

⊘ 为了保护使用新发明的软件，源代码一经创作即自动产生著作权。

⊘ 开源软件只有在确认授权和遵守许可证的情况下才能自由使用、修改和发布。

>> 使用图片讲解算法

绘制流程图，与他人形成共识

即使你能写出一个程序，读别人写的源代码也是很辛苦的。即使有评论进行解释，你也有必要逐行阅读程序是如何进行的。在这一点上，如果有一张显示流程的图表，你就能够顺利地理解它。因此，一种叫作流程图的图表被用来表达"处理的流程"，这是日本工业标准定义的标准，不仅用来表达程序的处理，也用来描述工作的流程，如工作流技术。

如图1-16所示，一个程序可以通过组合基本流程来实现，像图1-17这样安排这些符号的图，被称为流程图。**在绘制流程图时，重要的是要用确定的符号来绘制，以便大家对它有一个共同的理解。**

为什么流程图是必要的？

如今，在创建一个程序时，无论是在设计阶段还是在实施阶段，很少绘制流程图。这是因为实际创建一个程序并进行测试比画图更有效。只有当客户要求提供文件时，程序设计师才会在程序完成后绘制流程图。

另外，在考虑面向对象的编程和面向对象的设计时，统一建模语言（UML）图表使用得越来越多。编写和阅读源代码很困难，而绘制流程图和UML图等则更容易让人理解。

而UML图中也包含活动图，类似于流程图。至今，在需要向他人解释的情况下，绘制流程图仍然是一种有效的方法。

意义	符号	详情
开始/结束		表示一个流程图的开始和结束。
处理		表示过程的内容。
条件分支		表示要根据条件分配的过程。 用符号书写条件。
重复		代表一个重复多次的过程。 在开始（顶部）和结束（底部）之间使用。
键输入		表示用户用键盘输入数据。
预定义过程		代表一个在其他地方定义的流程。

图1-16　　　　　　　　　流程图中常用的符号

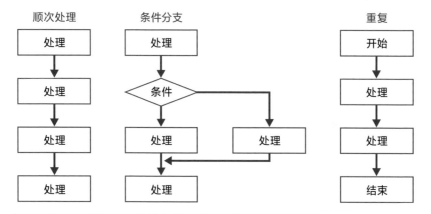

图1-17　　　　　　　　　典型的处理流程

要点

✎ 流程图可以用来说明处理流程的程序，大多数处理流程可以通过顺序处理、条件分支和重复的组合来表示。

✎ 虽然创建程序时很少绘制流程图，但在需要向他人解释的情况下，它们仍然是有用的。

» 纸上计算的算法

桌上思考

当你想到一个算法时，你可能会想象它是由计算机处理的，但这只是处理过程，在思考时你可以不用计算机。**实际上，在创建一个程序时，用纸笔构思，而不是一开始就在电脑上写源代码，也是很常见的，这就是** 笔算。

下面是一个简单的笔算例子。许多人在小学时做诸如两位数或多位数的乘法时，会使用笔算。例如，计算123×45。想象一下这样的情况：你在教一个刚学过九九乘法表的孩子进行这种笔算。

该程序可能看起来像图1-18。你会首先尝试用口语逐一解释这些步骤。然后你试着把它翻译成一种编程语言。如果你真的尝试了，你会发现解释这个程序并不容易。

编程像一个现场广播报道

编程是将发生在你面前的事情通过口头交流的形式进行传达。这在形式上类似于电台播音员做体育直播。

在电视上，现场情况可以通过图像而非语言来表达，但在广播中，每一个动作都必须用语言来解释，才能传递信息（图1-19）。

这同样适用于描述编程中的算法，你需要考虑如何将信息顺利地传递给对方（计算机）。在这点上，不能有任何遗漏，如果你在顺序上颠倒，对方获得的图像信息可能会发生变化。

❶竖着排列，数字对齐。

```
    1 2 3
×    4 5
```

❷用被乘数的个位数乘以乘数。

```
    1 2 3
×    4 5
    6 1 5
```

```
    1 2 3
×      5
    1 5
  1 0
  5
    6 1 5
```

❸用被乘数的十位数乘以乘数。

```
    1 2 3
×    4 5
    6 1 5
  4 9 2
```

❹将❷和❸的乘法结果相加。

```
    1 2 3
×    4 5
    6 1 5
  4 9 2
  5 5 3 5
```

图1-18 ———————— 笔算的步骤 ————————

投手投出了第一球！

图1-19 ———————— 口头实况报道 ————————

要点

✎ 算法可以在不使用计算机的情况下进行计算，因为处理步骤可以用文字和图表来表达。

✎ 编程语言要求只用文字来表达指令，所以如果有遗漏或者顺序倒置，就无法准确传达信息。

寻找素数

寻找素数

许多数学家都对一个数字感兴趣，那就是素数。**素数是指除了1和它本身之外没有约数的数字**。例如，2的约数是"1和2"，3的约数是"1和3"，5的约数是"1和5"，所以2、3和5都是素数。4和6不是素数，因为4的约数是"1，2，4"，6的约数是"1，2，3，6"。（图1-20）

因此，**可以通过检查约数的数量来确定一个数字是否是素数**。例如，要找到10的约数的可分性，我们可以用它下面的自然数来除，从1开始，一直到10。当然，你不需要从1开始依次浏览所有的数字，当你找到一个10能被1以外的数字整除的整数时，你就可以完成搜索了。

如果你发现10能被2整除，你也可以发现它能被5整除。其实，只要搜索到数字的平方根就足够了，由于10的平方根约是3.1，我们可以在10除以2和3时确定10是否是素数。

然而，数字越大，你必须除以的次数就越多——你可以想象，如果你想找到高达100000的素数，你必须将每个素数重复除以许多次，这将需要很长的时间来处理。

快速寻找素数

埃拉托斯特尼筛法被称为**寻找素数的有效方法**。它是一种将能被2、3等素数整除的数字从指定范围内依次排除的方法。

如图1-21所示，我们的想法是首先排除2的倍数，然后是3的倍数，以此类推，直到只剩下素数。使用这种方法，即使在寻找高达100000左右的素数时，处理时间也可以大大减少。

数	约数	是否是素数
1	1	不是素数
2	1, 2	是素数
3	1, 3	是素数
4	1, 2, 4	不是素数，因为它还能被2整除
5	1, 5	是素数
6	1, 2, 3, 6	不是素数，因为它还能被2和3整除。
7	1, 7	是素数
8	1, 2, 4, 8	不是素数，因为它还能被2和4整除
9	1, 3, 9	不是素数，因为它还能被3整除

图1-20   从1到9的约数

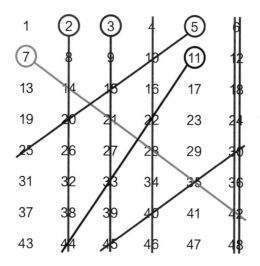

图1-21   埃拉托斯特尼筛法

要点

✎ 素数是指除了1和它本身之外没有其他约数的数字，处理大数字时，需要多花一些时间确定。

✎ 埃拉托斯特尼筛法是确定素数的有效方法。

≫ 找出最大公约数

求最大公约数

我们在上一节寻找素数时考虑了约数，而几个数字中最大的约数被称为最大公约数。接下来，我们通过45和27这两个数字的最大公约数进行说明。

45的约数有6个：1、3、5、9、15和45。27的约数有4个：1、3、9和27。这些数字的共同约数（公约数）是"1、3和9"，其中最大的是9，所以45和27的最大共同约数是9（图1-22）。

如上所述，可以先找到每个数字的约数，然后找到它们之间的最大公约数，但很难找出这些数字的全部约数。因此，让我们设计一个在短时间内找到它的方法。

如何快速找到两个自然数的最大公约数？

欧几里得的倒数除法是寻找两个自然数的最大公约数的快速方法，被称为欧几里得算法。顾名思义，这种方法通过重复除法（除法）来计算余数（remainder）。

设 a 和 b 是两个数，设 q 是 a 除以 b 的商，r 是余数，则 $a \div b = q \cdots r$。接下来，用 b 除以 r，得到余数，重复这个过程，直到余数为零。当余数变为零时，最后除以的数字就是最大公约数（图1-23）。

这样一来，**除法就会重复进行，不需要找每个数字的约数。因此，这是一个快速的过程。**在涉及整数的问题中，经常用到"互质"一词，意思是最大的公约数是1，也就是说，唯一的公约数是1。例如，在啮合齿轮时，如果齿数不成正比，相同的齿会多次相互啮合，使其容易发生部分断裂（图1-24）。因此，最大公约数在实践中是很重要的。

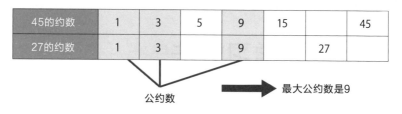

45的约数	1	3	5	9	15		45
27的约数	1	3		9		27	

公约数　　　　　　　　➡ 最大公约数是9

> 图1-22　　　　　　　　　　　最大公约数

$$45 \div 27 = 1 余 18$$

$$27 \div 18 = 1 余 9$$

$$18 \div 9 = 2 余 0$$

最大公约数　　　　　余数为0,则结束

> 图1-23　　　　　　　　　　　欧几里得算法

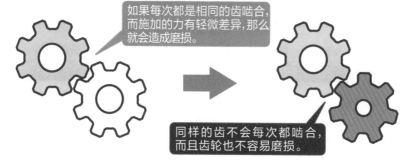

如果每次都是相同的齿啮合,而施加的力有轻微差异,那么就会造成磨损。

同样的齿不会每次都啮合,而且齿轮也不容易磨损。

> 图1-24　　　　　　　　　　　互质

要点

▱ 欧几里得算法（倒数除法）是寻找两个数的最大公约数的快速方法。

▱ 两个数最大公约数为1被称为"互质"。

》通过拼图学习算法

汉诺塔是学习算法的一个重要部分

在学习算法时，一个著名的难题是汉诺塔问题。它基于以下的传说：

"在印度的一座大庙里有3个钻石塔。在其中1个中，64个黄金圆盘被叠成了金字塔形。僧侣们工作了一整天，将圆盘转移到另一个塔中。当所有的圆盘都被转移后，世界就不存在了，一切迎来终结。"

转移这些圆盘时要遵循以下规则：
● 所有圆盘都有不同的尺寸，大圆盘不能堆放在小圆盘上面。
● 圆盘只能堆放在3个地方，最初是堆放在一个地方。
● 圆盘可以一个一个地移动，直到所有的圆盘都被移动到另一个塔中。

思考移动最少的次数

想想看，移动汉诺塔需要多少次。我们首先用3个圆盘进行尝试，如图1-25所示，这表明在最短的情况下，需要移动7次。接下来，让我们试着找出移动4个盘子所需的最少移动次数：如果我们用与上面3个盘子相同的方法移动4个盘子中的前3个，那么我们就可以移动剩余的1个。然后以同样的方式再移动一次这3个盘子，完成移动（图1-26）。换言之，我们可以看到，移动4个盘子需要7+1+7=15步。

一般来说，可以计算出 n 个盘子需要 2^n-1 步。现在，考虑到本节开头的传说，我们可以计算出移动64个盘子需要 $2^{64}-1$ 步，如果移动一个盘子需要1秒，那么移动全部盘子需要5800多亿年。

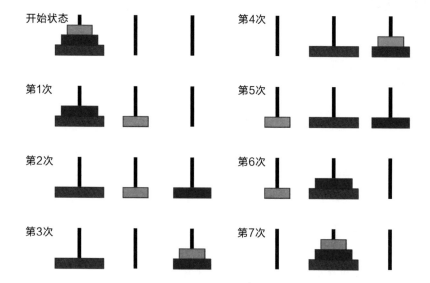

图 1-25　在汉诺塔问题情况下移动3个盘子的步骤

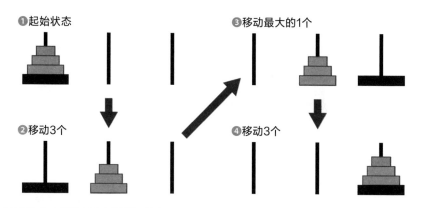

图 1-26　在汉诺塔问题情况下移动4个盘子的步骤

要点

✐ 汉诺塔是一个简单的操作，但众所周知，当盘子数量增加时，需要大量的处理时间。

✐ 通过考虑少量盘子情况下的规律性，可以想象数量增加时的处理时间。

使用随机值进行检查

生成随机值

计算机会按照指示工作，不会出错，但在有些情况下，你可能想要一个不同的结果，而不是每次都获得同一个数值。例如，如果你想让某个数值每次都发生变化，如骰子点数或财富数量，或者你想做一个对战游戏，如猜拳，如果计算机的结果是可预测的，你就会遇到麻烦。

为了用计算机处理这种情况，我们使用一种叫作伪生成随机值（随机数）的方法。以这种方式创建的随机值被称为伪随机数，因为它们实际上是通过计算获得的。

虽然原始随机数没有规律性或可重复性，但伪随机数可以通过固定一个被称为随机种子的数值来生成相同的随机数序列。这样做的好处是可以通过多次重复来检验，使调查故障成为可能。

随机模拟

随机数不仅可以用于游戏，也可以用于模拟，这被称为蒙特卡罗方法。它的一个常见的例子是寻找 π 的近似值（ π=3.14… ），这也是在学校里学到的。

在图1-27所示的坐标平面内，我们在$0 \leq x \leq 1$，$0 \leq y \leq 1$的范围内随机选择一个点，检查它是否满足$x^2+y^2 \leq 1$。在这种情况下，整个区域的面积是1×1，扇形部分的面积是$1 \times 1 \times \pi \div 4$，所以如果检查400个点，大约314个会满足这个条件，如果检查4000个点，大约3141个会满足条件。

结果如图1-28所示。随着检查数量的增加，可以看出，具有足够准确性的数值可以作为近似值。这种使用随机数的方法也被用于机器学习，第6章将介绍这种方法。

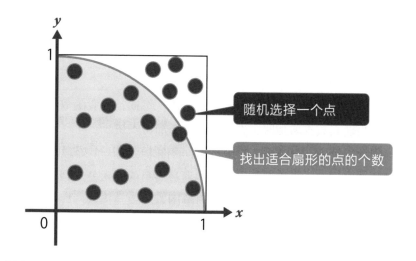

随机选择一个点

找出适合扇形的点的个数

图1-27　　　　　　　　　　　蒙特卡洛方法

选择的点的个数	扇形中包含的点的个数	圆周率的近似值
100	76	3.04
1000	782	3.128
10000	7838	3.1352
100000	78711	3.14844
1000000	785610	3.14244
10000000	7853257	3.1413028
100000000	78540587	3.14162348
1000000000	785416398	3.141665592

图1-28　　　　　　　　　　　模拟结果

要点

🖊 在计算机中生成随机值，要用到伪随机数。

🖊 蒙特卡罗方法是一种著名的使用随机数进行模拟的方法。

基础训练

比较不同函数的增加

本章介绍了计算复杂性和渐进的概念。然而，只看函数公式，很难想象当输入数据增加时，处理时间会增加得多快。

因此，让我们用Excel等电子表格软件来绘制一个处理时间增加的图表。电子表格软件不仅可以让你通过简单的输入公式轻松地进行计算，还可以让你轻松地对结果进行绘图。

例如，将下表所示的函数输入电子表格单元格，并将C列和D列复制到右边（A列是各自函数的标题，B列起代表各自函数的值）。

	A	B	C	D	……
1	x	1	=B1+1	=C1+1	……
2	$x*x$	=B1*B1	=C1*C1	=D1*D1	……
3	$x*x*x$	=B1*B1*B1	=C1*C1*C1	=D1*D1*D1	……
4	$2**x$	=POWER(2,B1)	=POWER(2,C1)	=POWER(2,D1)	…
5	$\log(x)$	=LOG(B1)	=LOG(C1)	=LOG(D1)	…
6	$x*\log(x)$	=B1*LOG(B1)	=C1*LOG(C1)	=D1*LOG(D1)	…
7	$x!$	=B1	=B7*C1	=C7*D1	…

如果你在增加列数的同时看一下结果，例如当你向右复制5列，向右复制10列，向右复制20列等，你可以看到该值的增长方式。此外，尝试在改变复制范围的同时绘制一个线图。

由此得出的图表清楚地表明，随着输入数据数量（x值）的增加，处理时间（y值）迅速增加。

第 2 章

如何存储数据？

~它们各自的结构和特点~

» 整数是如何表示的?

日常生活中常用的十进制数字

在表达一个物品的金额、长度、重量或速度时,我们在每一位上使用0到9这10个数字。如果一位数不够,就用两位数,如果两位数不够,就用三位数,以此类推,每个数字都用0到9这10个数字中的1个。这样的数字被称为十进制数字。

一般认为,人们使用十进制数字是因为人类有十个手指。十进制对计数很有用,如果你记得如何计算从0到9的乘法,你就可以计算出任何大的数字。这也是我们学习九九乘法表的原因。

对计算机有用的二进制数字

计算机是电力驱动的机器,**很容易通过"开"和"关"来控制它们**。因此,计算机使用二进制数字0和1。与十进制数字一样,用二进制数字计数时,如果一位数不够,就增加数字的位数。

图2-1是几种常用进制的对应关系。在这种情况下,不清楚数字"10"是十进制的10还是二进制的10,所以要标明基数,十进制的数字18用二进制表示为10010(2)。

对于加法和乘法,只需提供二进制数字的模式,如图2-2所示。利用这一点,十进制的3×6可以用二进制计算,即11(2)×110(2)=10010(2),按照图2-1可以确认结果为十进制的18。

十六进制数字,可以用来减少数字的位数

用二进制数字表示数字时,随着数值的增加,数字的位数也迅速增加。例如,十进制数字255在二进制中有8个数字,即11111111(2)。此外,由于大量的0和1连在一起,很难理解,所以人们经常使用十六进制数字来表示二进制数字,十六进制数字由0~9加A、B、C、D、E和F组成。

十进制	二进制	十六进制
0	0	0
1	1	1
2	10	2
3	11	3
4	100	4
5	101	5
6	110	6
7	111	7
8	1000	8
9	1001	9
10	1010	A
11	1011	B
12	1100	C
13	1101	D
14	1110	E
15	1111	F

十进制	二进制	十六进制
16	10000	10
17	10001	11
18	10010	12
19	10011	13
20	10100	14
21	10101	15
22	10110	16
23	10111	17
24	11000	18
25	11001	19
26	11010	1A
27	11011	1B
28	11100	1C
29	11101	1D
30	11110	1E
31	11111	1F

图2-1　　　　十进制、二进制和十六进的对应关系

加法	乘法	加法的例子	乘法的例子
0 + 0 = 0	0 × 0 = 0	100	11
0 + 1 = 1	0 × 1 = 0	+ 111	× 110
1 + 0 = 1	1 × 0 = 0	1011	11
1 + 1 = 10	1 × 1 = 1		11
			10010

图2-2　　　　二进制运算

要点

✎ 十进制数字使用10种数字（0~9），而二进制数字使用两种（0和1），十六进制数字使用16种（0~9加上A到F）。

✎ 计算机使用二进制数字进行运算，但由于在显示时，数字的位数很多，所以有时会用十六进制来表示。

数据的单位

最小的数据单位是比特

计算机中处理数据的最小单位称为比特，它由一个二进制数字表示，要么是"0"，要么是"1"。换言之，一个比特可以识别两个不同的值0和1。

2比特有2^2=4个可能的值，3比特有2^3=8个可能的值，以此类推，8比特为2^8=256，16比特为2^{16}=65536，32比特为$2^{32}\approx43$亿。因此，记住指数为2的数值有多少是有用的，如图2-3所示。

字节通常用来表示数据量

在表达数据量时，单位字节（byte）比前述的比特更常用，用符号B表示。1字节=8比特，所以在二进制数字中可以代表8位数。给它加上一个前缀，甚至可以表达更大的数值（图2-4）。

请注意，也可以添加一个二进制前缀来表达计算机存储设备的容量。这是因为，尽管1KB或1MB对人来说更直观易懂，但计算机是以二进制数字表示的，这可能导致实际存储空间出现偏差。

由CPU处理的内存大小

32位和64位的表述有时被用来描述计算机架构。例如，Windows 10有32位和64位版本，这代表了CPU处理内存时的地址大小。从图2-3和图2-4可以看出，32位最多只能处理约4GB的内存。

比特数	可识别的数目
1	2
2	4
3	8
4	16
5	32
6	64
7	128
8	256

比特数	可识别的数目
9	512
10	1024
…	…
16	65536
20	1048576
24	16777216
32	4294967296（约43亿）
64	约1844京

图2-3　　　指数为2的可识别数值的数目

单位	数据量	二进制数据单位	数据量
字节（B）	8位	字节（B）	8位
千字节(KB)	$10^3 = 1000$ B	千字节(KB)	$2^{10} = 1024$ B
兆字节（MB）	$10^6 = 1000$ KB	兆字节（MB）	$2^{20} = 1024$ KB
吉字节（GB）	$10^9 = 1000$ MB	吉字节（GB）	$2^{30} = 1024$ MB
太字节（TB）	$10^{12} = 1000$ GB	太字节（TB）	$2^{40} = 1024$ GB
拍字节(PB)	$10^{15} = 1000$ TB	拍字节(PB)	$2^{50} = 1024$ TB
艾字节（EB）	$10^{18} = 1000$ PB	艾字节（EB）	$2^{60} = 1024$ PB

图2-4　　　用来表示数据量的单位

要点

✎ 比特可以用一个二进制数字表示，八个比特通常被当作一个字节使用。

✎ 当处理大体量数量时，可以使用大容量单位，如千字节或兆字节。

» 小数是如何表示的?

处理小数时的注意事项

十进制中的个位、十位、百位代表的权值是10^0、10^1、10^2。同样,在二进制中,每个数字的权值是2^0、2^1、2^2,等等。换言之,将每个数字乘以其对应的权值,可以将二进制数字转换为十进制数字(图2-5)。

这种转换要确保在整数的情况下,**当一个十进制数字被转换回二进制数字时,其二进制到十进制的值与原值完全一致**(然而,计算机能够处理的数值有一个上限)。小数可以像整数一样处理,也可以成为循环小数。

例如,十进制数字0.5在表示为分数时是1/2,所以在二进制中可以表示为0.1。然而,十进制的0.1在二进制中为0.0001100110011……

这意味着,当转换回十进制时,其数值将与原值不同。这就像你用计算器计算1除以9,会显示0.11111……而当你乘以9时,会显示0.999999……而不会回到1。

处理小数时的方法

有时你可能不得不使用小数,甚至是循环小数。在计算机中处理小数时,经常使用一种叫作浮点数的表示方法。这在IEEE 754标准中得到了规范,单精度浮点数(32位)和双精度浮点数(64位)经常使用(图2-6)。

浮点数是一种固定长度的表示方法,其中符号、指数和尾数部分是分开的,也被称为实数类型,并被许多编程语言所采用。整数和小数都可以用实数类型表示,但实数类型只是一个可能的近似值。在其他情况下,如果不允许出现错误,例如在处理货币的工作中,可以使用二进制十进制类型,即十进制数字的每个数字由一个二进制数字表示(图2-7)。

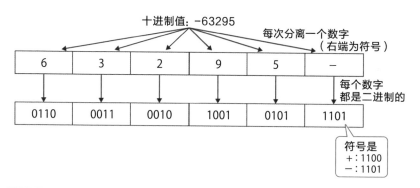

$$
\begin{array}{ccccccc}
1 & 0 & 1 & 0 & 1 & 1 & 0 \\
\times & \times & \times & \times & \times & \times & \times \\
2^6 & 2^5 & 2^4 & 2^3 & 2^2 & 2^1 & 2^0 \\
\downarrow & & \downarrow & & \downarrow & \downarrow & \\
64 & + & 16 & + & 4 & + & 2
\end{array} \qquad = 86
$$

图2-5　　　　　　　二进制转换为十进制

单精度浮点数（32位）

符号 (1比特)	指数部分 (8位)	小数部分 (23比特)

双精度浮点数（64位）

符号 (1比特)	指数部分 (11位)	小数部分 (52比特)

图2-6　　　　　　　浮点数的表示方法

十进制值：-63295

每次分离一个数字（右端为符号）

6	3	2	9	5	-

每个数字都是二进制的

0110	0011	0010	1001	0101	1101

符号是
+：1100
-：1101

图2-7　　　　　　　十进制转换为二进制

要点

- 当十进制小数被转换为二进制小数时，它们可能成为循环小数。

- 在计算机中处理小数时，经常使用浮点数，并在IEEE 754标准中加以规范。

- 在某些情况下，如处理货币时，使用二进制十进制类型的方法。

第?章

如何存储数据?

» 字符表示

在计算机上处理文本

除了使用数字之外，计算机还可以输入和输出字符。此时，**字母在计算机内也被视为整数，计算机会显示与该数字对应的字母。**

例如，字母"A"被分配了一个相应的整数65（十六进制为41），"B"则是66（十六进制为42），"C"是67（十六进制为43）。这种数字和字母之间的对应关系就是字符代码。

一般来说，ASCII字符代码通常用于字母和数字，如图2-8所示。有52个字母类型（大写字母和小写字母），从0到9的10种数字类型，加上一些符号和控制字符，需要一个大约128种类型的对应表。$2^7=128$，所以需要7位来表示128种类型，在ASCII中，用这7位加1位等于8位来代表一个字符。

处理日语的机制

日语不仅使用平假名和片假名，还使用汉字，8比特远远不足以表示所有的字符。因此，它使用16位的字符代码，如Shift_JIS和EUC-JP。这些字符代码都是2字节字符。每个字符代码都有不同的对应表，所以如果用不同的字符代码打开一个文件，它将不能正确显示，这就是所谓的乱码字符（图2-9）。

最近，16位之外的字符和来自世界各地的其他字符通过统一码（Unicode）进行处理，乱码字符也越来越少。然而，**为了在程序中处理字符，有必要了解字符代码。**基本上，避免自行实现字符代码的过程，而使用编程语言和库所提供的过程。

	-0	-1	-2	-3	-4	-5	-6	-7	-8	-9	-A	-B	-C	-D	-E	-F
0-																
1-																
2-	SP	!	"	#	$	%	&	'	(	)	*	+	,	−	.	/
3-	0	1	2	3	4	5	6	7	8	9	:	;	<	=	>	?
4-	@	A	B	C	D	E	F	G	H	I	J	K	L	M	N	O
5-	P	Q	R	S	T	U	V	W	X	Y	Z	[	\	]	^	_
6-	`	a	b	c	d	e	f	g	h	i	j	k	l	m	n	o
7-	p	q	r	s	t	u	v	w	x	y	z	{			}	~	

※控制字符：用于使显示器、打印机等以特殊方式行事的特殊字符。

图2-8　ASCII表示法（彩色区域为控制字符）

图2-9　乱码日语字符的例子

要点

⟋ 当计算机处理字符时，它们是用字符代码来表示的，该代码将数值映射到字符。

⟋ 日语不能用8位字符表达，所以使用2字节字符。

⟋ 最近，人们经常使用能够代表世界各地字符的Unicode。

» 一个接一个地分配

命名内存的位置

在程序中处理数据时，数值被暂时储存在内存中，其内容被读取和使用。这时，需要给内存位置起一个名字，以确定它在内存中的位置。

这个被命名的内存位置被称为一个变量。在数学中，变量用符号表示，如 x 和 y，在编程中也是如此，它们被赋予名称（图2-10）。

正如变量的名称所暗示的那样，存储在变量中的值可以被改变。在一个变量中存储一个值被称为赋值，赋值会覆盖之前存储在变量中的值。换言之，只保留最后分配的值。例如，在许多编程语言中，"$x=5$"意味着"将5分配给变量 x"，无论变量 x 中存储了什么，从那时起它都是5（图2-11）。

当读取时，可以通过指定变量的名称来获得每个变量的值。换言之，这些变量允许你保留复杂的计算结果，并在必要时从流程中重新使用这些结果，这效率很高。

确保存储的数值不能改变

虽然使用变量方便修改存储的值，但也有存储的值不会在该程序内改变的情况。在这种情况下仍然可以使用变量，但如果它们不被改变，有助于防止意外发生。

因此，许多编程语言提供了一种方法，以确保一旦存储了一个值，它就不能被改变，这被称为常量。像变量一样，它们的内容可以通过指定其名称来读取。任何试图改变存储值的行为都会导致错误（图2-12）。

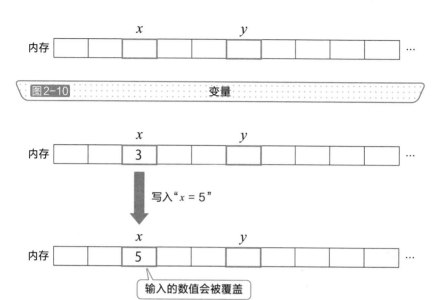

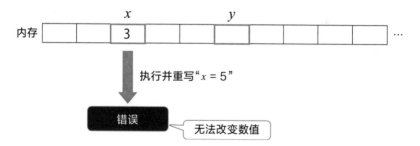

图2-10　　　　　　　　　　　　　变量

写入"$x = 5$"

输入的数值会被覆盖

图2-11　　　　　　　　　　对变量的赋值

执行并重写"$x = 5$"

错误　　无法改变数值

图2-12　　　　　　　　　　　　常量

要 点

✎ 使用变量可以临时记录数值，并重写存储的内容。

✎ 使用常量可以防止意外重写数值，即使它们被当作变量，因为一旦
被存储，它们就不能被重写。

》 要存储的数据大小

存储区的大小取决于数据的类型

变量所需的空间大小取决于要存储的数值。例如，为一个只能以0或1两种方式存储的变量分配很大的区域是不必要的，这样的变量越多，可用的内存就越少。

因此，需要根据数据类型，来确定一个大小足够的空间来存储它。

最常用的数据类型之一是整数类型。**在我们日常生活中使用的许多数据中都使用了整数，如产品的数量、排名、页数等**（图2-13）。

在排名和页数等数据中，负数从不出现，可以通过使用无符号整数类型来增加最大值，但一般来说，经常使用有符号整数类型。

数据类型转换

将一种类型的数据转换为另一种类型的数据称为数据类型转换，如"我想将整数类型的数据转换为浮点数类型的数据"或"我想将字符串'123'转换为整数类型123"（图2-14）。

在某些情况下，即使程序员没有明确指定数据类型转换，编译器也会自动进行类型转换，这被称为隐式类型转换。例如，将一个单精度的浮点数值分配给一个双精度的浮点数变量并不改变其数值。

另外，通过在源代码中指定要转换成的类型，来强制进行类型转换的方法被称为显式类型转换。在某些编程语言中，投递是必要的，因为如果一个浮点值被分配到一个整数类型的变量中，小数点信息就会丢失，如果一个32位的整数被分配到一个8位整数类型的变量中，就不合适（图2-15）。

大小	有符号（带符号）	无符号
8比特	−128～127	0～255
16比特	−32768～32767	0～65535
32比特	−2147483648～2147483647	0～4294967295
64比特	−9223372036854775808～ 9223372036854775807	0～18446744073709551615

图2-13 可由整数类型处理的数字大小

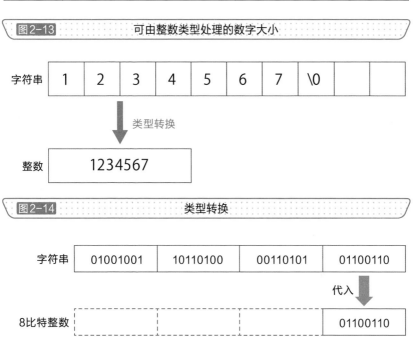

图2-14 类型转换

图2-15 信息遗失的例子

要点

✎ 整数类型数据可以是有符号或无符号的，它们所能处理的值的大小取决于其大小。

✎ 数据可以转换为不同的类型，但一些信息可能会丢失。

在连续的区域内存储

安排相同类型的数据

在一个程序中可以准备许多变量，但当需要依次处理每个变量的值时，逐一指定是很烦琐的。因此，我们分配一个有一系列像变量一样的方框的区域，并给整个区域起一个名字（图2-16）。

这种同一类型数据的连续序列被称为数组，数组的各个区域被称为元素。使用数组**不仅可以将多个数据集中定义，而且每个元素也有编号**。在许多编程语言中，从第一个元素开始，作为数字0，接下来是数字1、数字2，以此类推。这个编号被称为索引，它通过指定数组的名称和索引来访问各个元素。

事先确定数组元素数量的数组被称为静态数组。如果事先知道元素的数量，数组可以被快速分配，但它不能存储超过预期大小的数据。

如果事先不知道所需的元素数量，就用一种方法在运行时增加或减少元素的数量。这被称为动态数组。这样虽然元素的数量可以根据需要改变，但分配的时间要长一点。

数组的缺陷

通过指定一个索引，可以快速访问数组中的单个元素。现在让我们考虑当你从数组中添加或删除元素时会发生什么。

如果你在数组中间添加一个元素，**你必须将所有后续的元素逐一移回**（图2-17）。删除时也是如此。为了能够从一开始就连续访问这些元素，你必须把后面的元素移到前面，并把它们插入进去，这很费时间（图2-18）。

图2-16　数组

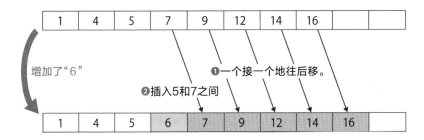

图2-17　对数组的补充

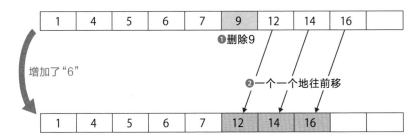

图2-18　从数组中删除

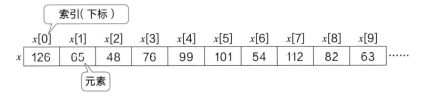

要点

✍ 数组允许一次定义多个值，每个元素都可以通过指定其编号从头开始直接访问。

✍ 在数组中间添加元素或在数组中间删除元素需要移动剩余的元素，所以如果元素的数量很大，处理的时间就会很长。

» 以人们容易理解的方式表示

非数字值的数组

在数组中，从开头开始的位置是由一个数字指定的索引，但是能够指定一个位置名称而不是数字是很有用的。因此，需要一个可以通过指定一个非数字值（如字符串）作为索引来访问的数组，这被称为关联数组。

如图2-19所示，你可以指定任何你喜欢的名字作为索引，**这样在查看源代码时就能更容易地识别你正在访问的位置**。

根据不同的编程语言，关联数组有时被称为字典、散列表或地图。

散列表检测篡改

在考虑安全性时，散列表也是一种用于检测篡改的技术，是指从数据中计算出的一个小数值。对给定的数据应用一个称为散列函数的函数，得到一个称为散列值的数值。

散列函数的计算方法是，**从相同的输入数据中获得相同的输出，但对于不同的输入数据，输出值的重叠程度越小越好**。从不同的输入端输出相同的数值称为碰撞。散列函数的设计是为了尽可能地避免这种碰撞。

例如，按图2-20所示进行计算时，如果碰撞很少，可以很快找到所需的数据。这就是它们被用于关联数组的原因。

在安全应用中，输入的微小变化将导致输出值的巨大变化，由于没有发生碰撞，可以通过检查数据的散列值来确定数据是否相同。散列值也被用来存储密码，它利用了一些函数，使得从输出到输入的工作难以逆向进行。

普通数组

	分数[0]	分数[1]	分数[2]	分数[3]	分数[4]
分数	64	80	75	59	73

按编号访问

关联数组

	分数["语文"]	分数["数学"]	分数["英语"]	分数["科学"]	分数["社会"]
分数	64	80	75	59	73

按名称访问

图2-19 ···关联数组

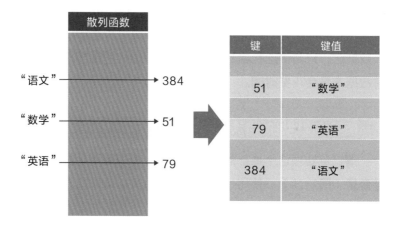

图2-20 ···散列表

要点

关联数组使源代码更容易理解，因为它们可以通过将名称作为数组索引进行访问。

用于散列的函数的设计是为了使相同的输入产生相同的输出，而不同的输入产生的输出尽可能地重合。

>> 存储数据的位置

用地址表示变量的位置

储存变量的内存有一个序列号，表明其位置，这被称为地址（图2-21）。当一个变量被写在源代码中，它就会被操作系统自动分配和管理在内存中，所以在一般的编程语言中，程序员不需要知道它的位置。

例如，处理一个整数类型的变量，如果它是一个32位的整数，需要将内存的某个位置分配4个字节的内存。程序员不需要知道这个变量在内存中的位置，但知道后，就可以通过寻址来读取内容。当传递大数据时，只需传递包含数据的地址就可以访问相同的数据，即使传递数据本身会花费时间。

能够处理地址的特殊变量

指针是处理这个地址的一种方式，一个存储地址的变量被称为指针变量（图2-22）。使用这个指针变量，可以读取或改写该位置的变量内容。

请注意，数组的元素在内存中是连续存储的，所以它们的地址也是连续的。在这种情况下，同样可以通过使用指针操作数组元素来实现。

尽管指针在这种方式下是有用的，但不正确地使用指针不仅会导致故障，还会导致安全问题。例如，指定错误的地址会改变进程的内容，或引发恶意软件的攻击，使用时要小心。

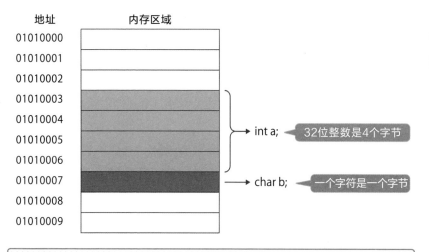

图2-21　　　　　　　　　　　　　　　　地址

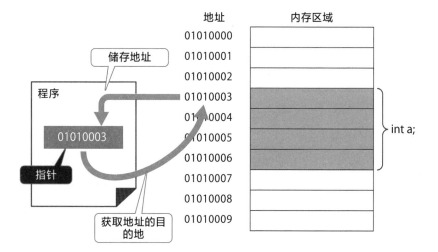

图2-22　　　　　　　　　　　　　　　　指针

要点

/ 储存变量的内存位置被称为地址。

/ 指针是一种以编程方式处理地址的方法。

» 以表格形式存储数据

处理二维数据

由于内存是一维的，按顺序编号的地址一直到一列，数组也可以被认为是一维的。然而，如果你想处理二维数据，如表格数据，你可以使用二维数组。

如果事先知道行和列的数量，可以将图像用如图2–23左上角所示的方式表示。然而，由于内存是一维的，它实际上是按图2–23右下方的方式分配的。

注意，当事先不知道行和列的数量时，内存必须在运行时动态分配。在这种情况下，可以指定一个数组作为数组元素（图2–24）。这样做的好处是，即使每行的列数不同，**也可以灵活使用内存，尽管内存区域可能是连续的，也可能不是连续的。**

在任何情况下，你都可以通过指定编号来访问每个元素。

增加数组的维度

数组不限于二维，还可以增加到三维或四维。这种处理多个维度的数组的方式，一般被称为多维数组。在这种情况下，数组也看起来有很多维度，但实际上是一个一维数组，通常是一个"数组的数组"。

请注意，我们也经常使用把二维数组当作一维数组的方法（图2–25）。例如，在一个水平方向有 W 个元素，垂直方向有 H 个元素的数组 x 的情况下，不是通过指定索引 $x[i][j]$ 来访问它，而是通过指定索引 $x[i*W+j]$ 来访问它。这会让内存更有效，访问速度更快。

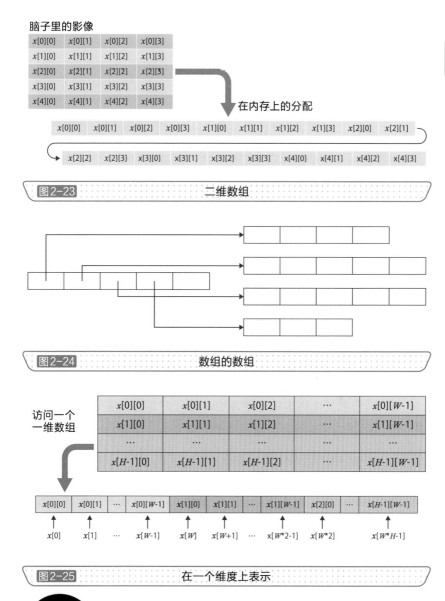

脑子里的影像

x[0][0]	x[0][1]	x[0][2]	x[0][3]
x[1][0]	x[1][1]	x[1][2]	x[1][3]
x[2][0]	x[2][1]	x[2][2]	x[2][3]
x[3][0]	x[3][1]	x[3][2]	x[3][3]
x[4][0]	x[4][1]	x[4][2]	x[4][3]

在内存上的分配

| x[0][0] | x[0][1] | x[0][2] | x[0][3] | x[1][0] | x[1][1] | x[1][2] | x[1][3] | x[2][0] | x[2][1] |

| x[2][2] | x[2][3] | x[3][0] | x[3][1] | x[3][2] | x[3][3] | x[4][0] | x[4][1] | x[4][2] | x[4][3] |

图2-23　　　　　　　　　　　　二维数组

图2-24　　　　　　　　　　　　数组的数组

访问一个一维数组

x[0][0]	x[0][1]	x[0][2]	...	x[0][W-1]
x[1][0]	x[1][1]	x[1][2]	...	x[1][W-1]
...	...	...	...	...
x[H-1][0]	x[H-1][1]	x[H-1][2]	...	x[H-1][W-1]

| x[0][0] | x[0][1] | ... | x[0][W-1] | x[1][0] | x[1][1] | ... | x[1][W-1] | x[2][0] | ... | x[H-1][W-1] |

x[0]　x[1]　...　x[W-1]　x[W]　x[W+1]　...　x[W*2-1]　x[W*2]　　x[W*H-1]

图2-25　　　　　　　　　　　　在一个维度上表示

要点

✐ 当需要处理表格数据时，可以使用二维数组。

✐ 数组的数组可以用来处理具有不同数量元素的数组。

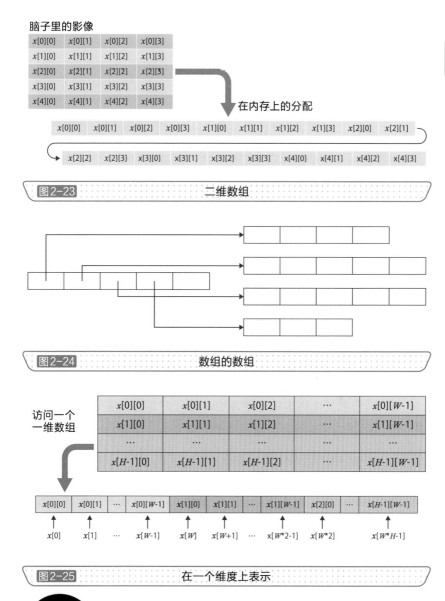

» 存储单词和句子

将多个句子整合后进行处理

字符是一个一个地储存在记忆中的，但我们很少一个一个地处理文字。我们通常用几个连续的字符序列来工作，如词或句子。

因此，由多个字符组成的序列被称为字符串。当计算机处理一串字符时，它不会一个个字符地存储，而是把它们当作一个序列。

因此，与数组一样，**可以通过指定一个索引从一个字符串中检索特定的字符。**

一些编程语言有自己的方法，可以方便地处理字符串，以便在使用时不必注意字符编码等，但在大多数情况下都使用数组。

确定一个字符串的末端

在C语言和其他许多编程语言中，要分配足够长度的数组来存储字符串，必要的字符被存储在数组中。为了确定字符串在多大程度上填满了数组，人们在字符串的末尾使用了一个叫作空字符（NULL）的特殊字符（终止字符）（图2-26）。

这意味着在以编程方式处理字符串时，可以从头开始检查，**如果有一个空字符，就可以判断它是字符串的结尾。**这种以空字符结尾的字符串形式被称为"C风格字符串"，有时被称为"C字符串"，因为它被用于C语言和其他语言。

在这种方法中，有必要检查空字符的位置，以确定字符串的长度。一些编程语言，如帕斯卡（Pascal），在开始时存储字符数，再放置实际的字符串，这些字符串被称为"Pascal字符串"（图2-27）。

源代码中的分配

str = "apple";

运行时在内存中进行分配

str[0]	str[1]	str[2]	str[3]	str[4]	str[5]	str[6]	str[7]	str[8]	str[9]
a	p	p	l	e	\0 (NULL)				

str

最后一个字符

获取源代码

print(str) ➡ 输出"apple"

print(str[2]) ➡ 输出"p"

图2-26 字符串和空字符

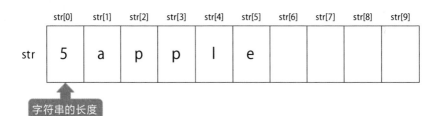

str[0]	str[1]	str[2]	str[3]	str[4]	str[5]	str[6]	str[7]	str[8]	str[9]
5	a	p	p	l	e				

str

字符串的长度

图2-27 Pascal字符串

要点

∅ 当在内存中存储字符串时，经常用数组来一个一个地存储字符。

∅ 使用一个叫作空字符的特殊字符来确定一个字符串的结束。

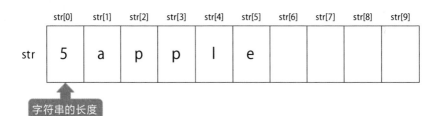

» 表达复杂的数据结构

把所有相关项目放在一起处理

数组只能处理同一类型的数据，但几个相关的项目应该一起处理。这就需要用到结构体。**结构体是一种将不同类型的数据视为单一变量的方式**。结构体可用于定义多个项目的组合类型（图2-28）。

例如你想处理某所学校学生的成绩。一种方法是用一个数组来存储学生的名字，用一个数组来存储考试分数。然而，与其把它们作为单独的数组来管理，不如把一个学生的成绩作为一个单独的数据来管理，这样会更有用。

在这里使用结构体的好处是，你可以定义一个类型来总结学生的名字和分数。除了能够将它们定义为一个组合变量外，你还可以创建这些结构体的数组，这样你可以在一个数组中管理多个学生成绩。

存储一个特定的数值

虽然整数类型可以用来表示许多数值，但有时并不需要这么多数值。例如，在用数字处理一个星期的日期时，将星期日指定为0，星期一指定为1……星期六指定为6，当7个不同的值已经足够时，指定一个32位的整数类型变量是没有用的。

此外，可以分配给代表星期几的变量的唯一数值是0到6范围内的整数。如果你使用一个整数类型，以后当你试图分配一个10或100这样的值而不出错时，可能会遇到错误。如果你决定星期二是"2"，无法通过看数字来直观地了解它是一个星期中的哪一天。

这就是为什么我们使用一个只能存储特定值的枚举类型（图2-29）。在枚举类型中，要分配的值很容易看到，这不仅减少了实施过程中的错误，**而且也使其他人在读取源代码时更容易理解**。

简单的数组

	姓名	语文	数学	英语
0	伊藤	80	62	72
1	佐藤	65	78	80
2	铃木	72	69	58
3	高桥	68	85	64
4	田中	86	57	69
5	中村	59	77	79
6	山田	90	61	83

使用结构体排列的情况

姓名	语文	数学	英语
伊藤	80	62	72
佐藤	65	78	80
铃木	72	69	58
高桥	68	85	64
田中	86	57	69
中村	59	77	79
山田	90	61	83

辅助数据

图2-28　　　　结构体

星期	值
星期日	0
星期一	1
星期二	2
星期三	3
星期四	4
星期五	5
星期六	6

> | 当不使用枚举类型时

```
weekday = 2
if weekday == 0:
print("Sunday")
```

可能分配奇怪的数值

> | 当使用枚举类型时

```
weekday = Week.Tuesday
if weekday == Week.Sunday:
print("Sunday")
```

源代码易于理解

图2-29　　　　枚举类型

要点

∥ 结构体是一种将不同类型的数据作为单一变量处理的方式。

∥ 枚举是指定一个变量可以取值的方式，优点是减少实践中的错误，并使源代码更容易读取。

》排成一排的形式

实现快速增删的链表

对于数组，你可以在内存中分配一个连续的区域，通过指定该元素的位置来访问任何元素。虽然它是一种方便的数据结构，但在中间添加数据需要将该位置后面的数据向后移。此外，从中间删数据需要一个过程，需要将现有的数据向前移动并打包。

随着数据量的增加，这个移位过程需要时间，所以数据结构被设计成一个链表（单向列表）。在一个链表中，除了数据内容外，还保留了一个表示"下一个数据的地址"的值，将数据连接在一起（图2–30）。

当在链表中添加数据时，"前一个数据持有的下一个数据的地址"被改变为要添加的数据的地址，"要添加的数据之后的下一个数据的地址"被替换为前一个数据所指向的地址（图2–31）。当删除数据时，紧挨着要删除的数据之前的数据所持有的"下一个数据的地址"也会改变（图2–32）。

这比数组处理数据的速度更快，因为无论有多少数据，所需要的只是替换下一个数据的地址。

链表的弊端

虽然链表可以高速添加和删除数据，但它对特定元素的访问不能像数组那样进行索引。由于它需要从头开始倒退，当数据数量增加时，处理可能需要更长的时间。

另一个缺点是，它比数组占用更多的内存。对于数组，你只需要为每个元素分配内存，但是对于链表，除了元素的值之外，你还需要一个区域来存储下一个元素的地址。

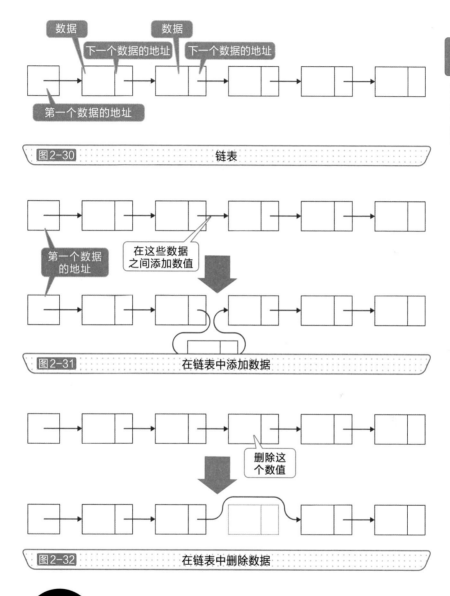

图2-30 链表

图2-31 在链表中添加数据

图2-32 在链表中删除数据

要点

∅ 链表是一种从前面遍历数据的数据结构。

∅ 链表的优点是中途添加或删除数据所需的时间比数组短。

》双向链接的形式

不需要从一个方向遍历数据的双向链表

我们不可能反向访问链表，因为一个方向的链表只保存下一个数据的地址。换言之，不可能按逆向顺序遍历链表。即使你想要的数据位于当前数据之前的一个位置，你也必须从链表的开头开始。

能够执行这种处理的数据结构是双向链表，它同时也保存着前一个数据的地址（图2-33）。这允许你回到以前的位置，这在某些情况下可能是有用的。

在双向链表中，插入和删除可以通过简单的重写地址来实现，其方式与链表相同。然而，由于在插入和删除过程中必须重写更多的地址，它也会占用更多的内存，处理速度更慢。

双向链表的一个优点是，在链表中，删除一个元素时必须事先检查前一个元素的位置，**而在双向链表中，不需要检查其他元素的位置，因为可以根据当前元素检查其前后元素。**

允许以循环的方式搜索数据的循环链表

循环链表是一种数据结构，其中第一个数据的地址被存储在链表或双向链表末尾的数据中，这样就可以追踪到列表的末尾，然后再从头开始搜索（图2-34）。

在循环链表中，即使你从中间开始遍历列表，你也可以搜索所有的元素并返回到开头。换言之，如果你找到的东西与你查找的第一个东西相同，**你就完成了一个循环，搜索就终止了。**

其他操作，如插入和删除，可以用与双向链表相同的方式实现。

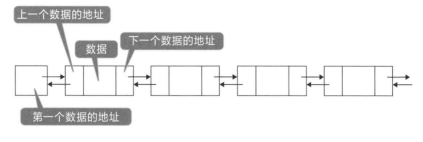

上一个数据的地址

数据

下一个数据的地址

第一个数据的地址

图2-33　　　　　　　　　　双向链表

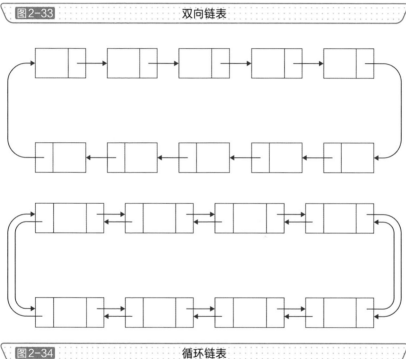

图2-34　　　　　　　　　　循环链表

要 点

✐ 双向链表是一种数据结构，它也持有前一个数据的地址，因此可以
反向追踪一个链表。

✐ 一个链表或双向链表的尾部与头部连接的列表被称为循环链表。

» 存储在一个分支结构中

连接的树状数据结构

除了数组和链表外，在存储数据时还会考虑其他各种数据结构。其中，像文件夹的结构一样，以倒挂的树的形式连接的结构被称为树状结构。

树状结构是一种数据结构，其中数据的连接方式如图2-35所示，其中圆圈称为节点，连接每个节点的线称为枝，顶部的节点称为根，底部的节点称为叶。

枝上面的节点被称为父节点，下面的节点被称为子节点。此外，"子节点的子节点"被称为孙节点，而延伸到子之外的东西被统称为子孙。

换言之，树状结构**就是一棵树从上到下生长的形象**。这种关系是相对的，所以一个节点可以是另一个节点的孩子，同时也可以是另一个节点的父母。根没有父母，叶没有子女。

有两个或更少子代的树状结构

在树状结构中，二叉树是指一个节点拥有的子数量不超过两个。例如，图2-36的左侧是一棵二叉树。在二叉树中，完整二叉树是指所有的叶都有相同的深度，并且除叶外所有节点的子女数量都是2，如图2-36右图所示。

完整二叉树可以用一个一维数组来表示，如图2-37所示。如果根的索引是0，可以通过将当前元素的索引翻倍并加上1来访问左边的子节点，通过将当前元素的索引翻倍并加上2来访问右边的子节点。同样地，父节点的索引可以通过当前元素的索引减去1再除以2的商来访问。

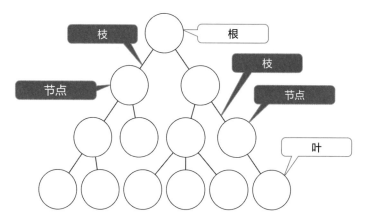

图2-35　　　　　　　树状结构

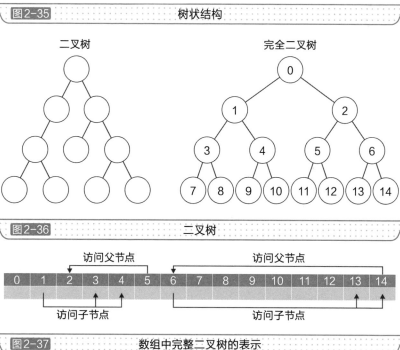

二叉树　　　　　　　　　　完全二叉树

图2-36　　　　　　　二叉树

访问父节点　　　　　　　　访问父节点

| 0 | 1 | 2 | 3 | 4 | 5 | 6 | 7 | 8 | 9 | 10 | 11 | 12 | 13 | 14 |

访问子节点　　　　　　　　　访问子节点

图2-37　　　　数组中完整二叉树的表示

要点

✎ 树状结构可以用来表示分层数据结构。

✎ 在完整二叉树的情况下，它们可以用一维数组表示。

» 满足条件的树状结构

堆是由树状结构组成的，**其约束条件是子代的值总是大于或等于其父代的值**（或总是小于或等于其父代的值）。其中，每个节点最多拥有两个子节点的堆被称为二元堆。

在堆中，数据在树状结构中尽可能往上和往左打包，子项之间的大小关系不受限制（图2-38）。

在向堆中添加元素时，要把它们添加到树状结构的末端。添加时，要将添加的元素与父元素进行比较，如果它比父元素小，就与父元素交换。如果父元素较小，则不进行交换，并结束此过程。

例如，在图2-39中向左边的堆中添加元素"4"时，当替换不再发生时，该过程就结束了。

在堆中，最小值总是在根部，所以当检索最小值时，你只需要看根部，检索速度很快。

然而，如果根部被取出来，堆就会崩溃，需要重建。在重建中，将最后一个元素移到顶部。移动它会改变亲子关系，所以如果子元素比父元素小，就交换子元素。这时，对左右两边进行比较，并更换较小的那个（图2-40）。重复进行这个过程，直到不再发生父子互换，从而重新配置堆。

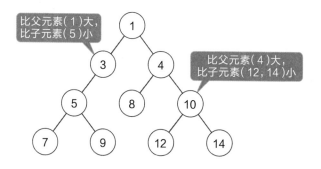

图2-38　堆

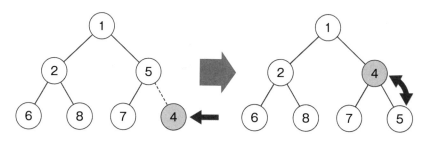

图2-39　向堆中添加元素

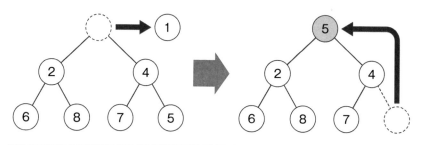

图2-40　从堆中删除元素

要点

 ∥ 子代的值总是大于或等于其父代的值的树状结构称为堆。

 ∥ 当元素被添加到堆中或从堆中移除时，将它们进行替换以满足堆的条件。

» 适合搜索算法的数据结构

二叉搜索树通过比较来找到所需数据

从大量数据中搜索所需数据，人们熟悉的例子是字典和电话簿。字典里有很多词，但没有必要从头按顺序找。原因是，这些词是按字母顺序排列的，因此，当你打开一个页面时，你可以在那里列出的词之前或之后搜索一个词（图2-41）。

这个概念也可以在程序化搜索时使用。换言之，**你可以将数据与一些数据进行比较，并决定你想找到的数据是否比它小**。如果从树状结构的角度来考虑，你可以想到像图2-42所示的结构，这被称为二叉搜索树。

二叉搜索树的所有节点都有"左子节点<当前节点<右子节点"的关系。这意味着，当前节点左边的所有子孙节点都存储小于当前节点的值，右边的所有子孙节点都存储大于当前节点的值。

左右节点之间的平衡决定了处理速度

如果你想搜索，就从根开始，与所需的值进行比较。如果期望值较小，则移动到左边的子节点，如果期望值较大，则移动到右边的子节点，并以同样的方式重复进行比较。

虽然过程简单明了，**但如果左右两边的节点数量有差异，这个过程就会很费时**。这是因为如果所有的节点都偏向于某一方，你就必须对它们全部进行检查。

因此，在一个树状结构中，其数量在左右节点上平衡的树被称为平衡树。在平衡树中，从根部到所有叶子的路径长度是相等的（图2-43）。

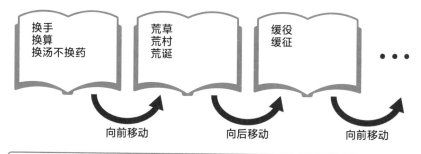

向前移动　　　向后移动　　　向前移动

图2-41　　　　　　　　　　　如何查字典？

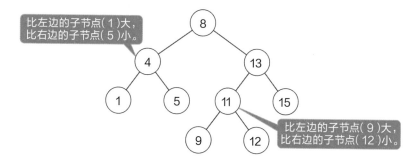

比左边的子节点（1）大，
比右边的子节点（5）小。

比左边的子节点（9）大，
比右边的子节点（12）小。

图2-42　　　　　　　　　　　二叉搜索树

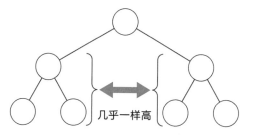

几乎一样高

图2-43　　　　　　　　　　　平衡树

要 点

- 二叉搜索树是一种树状结构，可以通过判断左边或右边的子节点的值是大还是小来进行搜索。
- 数字在左右节点达到平衡的树，被称为平衡树。

» 平衡树的类型

B树平衡，便于搜索

在平衡树中，B树是那些在节点上存储多个键，并可根据这些键分配给子代的树。例如，如图2-44所示的树状结构就与此相对应，可以简单地通过追踪它在键中的位置来找到所需的值。

图2-44中的B树被称为"二维B树"，其中每个节点最多可以容纳4个键。一般来说，一个"k维B树"在每个节点上可以容纳$2 \times k$个密钥。

这些键被排序，当键满时，节点被拆分以创建子节点；由于B树是一棵平衡树，它拆分后的叶子应该处于同一水平。

例如，考虑按"18、9、20、12、15"的顺序存储数据。前四个值可以存储在第一个节点。然而，当你试图存储第五个值，即15时，会溢出，所以要在这里分割节点，把中间的值放在父节点，把其他的值存储在子节点。这将使事情变得平衡（图2-45）。

改进后的B树更快

有一些B树的改进版本，如B+树和B*树，它们被广泛用于文件系统和数据库管理系统（DBMS）等。B+树的特点是数据只存储在叶子中，并且提供了链接叶子的指针（图2-46）。

这使得它在搜索特定数据时可以像B树一样使用，或者单独跟踪数据。这意味着，即使需要所有的数据，也不需要追溯到亲代节点，搜索、插入、删除和列表就可以高速处理。

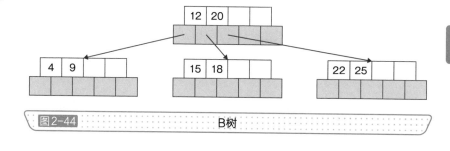

图2-44　　　　　　　　B树

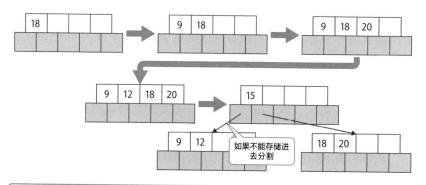

如果不能存储进去分割

图2-45　　　在B树上添加元素

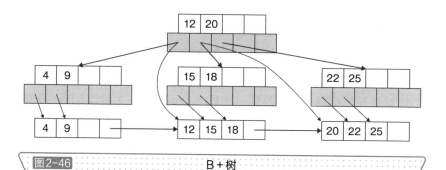

图2-46　　　　　　　　B+树

要点

🖉 B树是平衡树，可以在节点上存储多个键，并搜索子代。

🖉 B+树是对B树的改进，被用于各种系统中。

» 存储无序的数据

需要意识到顺序和位置的数据结构

在数组中，如果同一数据有多个项目被存储，就没有问题，而且它们的排列顺序也是有意义的。然而，在商业环境中，不允许数据重复的情况并不少见，而且可能有这样的情况：数据的顺序或位置并不那么重要，只要知道数据是否存在就可以了。

在这种情况下，集合是一种有用的数据结构（图2-47）。与数学中使用的集合概念类似，集合中**不存在重复的元素，其存储的顺序也不重要**。因此，一个与已经存在的元素相同的元素将被忽略或覆盖。

Python和Ruby等编程语言提供了标准的处理集合的数据结构，而其他语言可能需要将其作为库来加载。

特定集合的计算方法

使用集合的一个优点是能够进行集合运算，如图2-48所示。

并集是将至少一个给定集中所包含的所有元素收集起来形成的集合，有时被称为"结"。交集是通过收集所有给定的集合中所包含的共同元素而形成的集合。补集是指从一个集合中除去包含在另一个集合中的元素而形成的集合。

当需要从多个集合中排除重复的内容并将其合并，或者需要提取多个集合中的共同内容时，使用集合就有可能写出比使用数组等更简洁、更容易理解的源代码。集合的另一个优点是，如果编程语言或库中提供了集合操作，就很难产生错误。

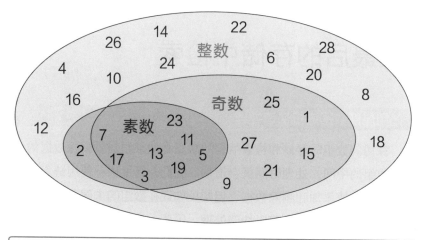

图2-47　　　　　　　　　　　　　集合

集合 A：{1, 2, 3, 4, 5}，集合 B：{2, 3, 5, 7, 11}的情况

集合运算	图形	结果
并集（A + B）	A ⬤⬤ B	{1, 2, 3, 4, 5, 7, 11}
交集（A & B）	A ⬤⬤ B	{2, 3, 5}
补集（A - B）	A ⬤⬤ B	{1, 4}

图2-48　　　　　　　　　　　　集合运算

要点

✐ 有了集合，就不会有重复的元素，也不需要注意它们的存储顺序。

✐ 使用集合操作，可以编写简洁的源代码。

》从最后的存储中检索

用尾部数据进行快速处理

在访问数组时存储和检索数据的缺点是如果添加或删除数据的地方在数组的中间，处理时间就会增加。我们介绍了一种使用链表的方法，可以快速添加和删除数据，**但如果你只在数组的末尾添加数据或删除数据，那么数组也可以快速处理**。因此，让我们考虑一种数据结构，利用数组的尾部来增加和删除数据，而尽可能不移动元素。

一个存储在最后的数据首先被检索出来的数据结构被称为堆栈（图2-49）。这个词在英语中的意思是"堆叠"，给人的印象是把东西堆在箱子里，然后从上面拿出来。由于最后存储的数据先被取出，它也被称为"LIFO"，或"后进先出"。

堆栈也是在函数调用和深度优先搜索中经常使用的数据结构，这将在本书4-6中解释。就像使用网络浏览器的返回按钮一样，按顺序返回就可以了，当你不在几个页面之间来回走动时，堆栈是很有用的。

堆栈允许快速处理数据的添加和删除，因为你知道把要添加的数据放在哪里，把要删除的数据放在哪里。请注意，在堆栈中存储数据被称为推入，检索被称为弹出。

用数组表示堆栈

在编程语言中，数组通常被用来实现堆栈。数组最后一个元素的位置被储存下来，在它之后添加一个元素或删除其元素（图2-50）。如果添加，最后一个元素所在的位置的值增加1；如果删除，该位置的值减少1。

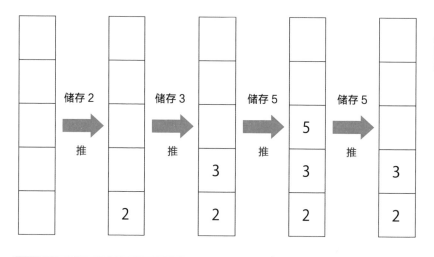

图2-49　　　　　　　　　　　　　　　　堆栈

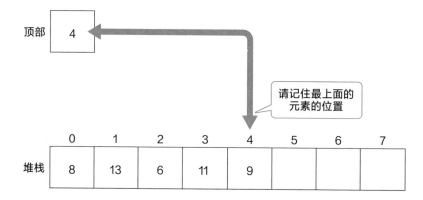

图2-50　　　　　　　　　　　　　用数组表示堆栈

要点

✎ 最后存储的数据首先被检索出来,这种数据结构被称为堆栈。

✎ 把数据放进堆栈称为推入,把数据从堆栈中取出称为弹出。

✎ 堆栈在许多情况下被使用,如函数调用、深度优先搜索和网络浏览器的历史管理。

» 便于按其保存的顺序进行检索的格式

从头依次提取数据

数据只能按照存储的顺序进行检索的结构称为队列（图2-51）。在英语中，它的意思是"排成一行"，从一边添加的数据从另一边取出来，就像台球中的球被射出去一样。它也被称为"FIFO"或"先进先出"，因为第一个存储的数据是第一个被检索到的。

队列不仅经常用于广度优先搜索（这将在本书4-5中解释），而且用于预订系统中的等待名单、印刷顺序控制等。换言之，**当你想优先处理应用程序时，它是一个有用的数据结构**。

在队列中存储数据被称为排队，检索数据被称为脱队。

在数组中实现队列

队列可以用数组以及堆栈来实现。第一个元素所在的位置和最后一个元素所在的位置被储存起来（图2-52）。当添加数据时，它被放置在最后一个元素所在的位置，当删除数据时，它被从第一个元素所在的位置取走。

如果重复这样的添加和删除，可能就会到达数组的末端。这意味着，**即使数组没有被填满，也不能再进行添加或删除**。

在这种情况下，我们可以将队列视为一个环，和环状列表一样（见本书2-14），将数组的末端元素作为其开头。如果最后一个元素的位置达到了数组的末端，则从数组的开头依次使用。这允许数据存储在队列中，只要不超过数组中的元素数量，无论添加还是删除多少次都可以。

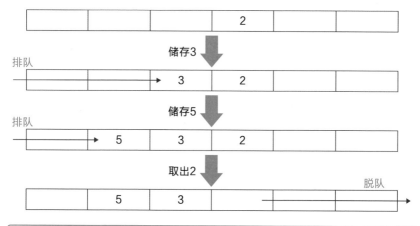

图2-51 队列

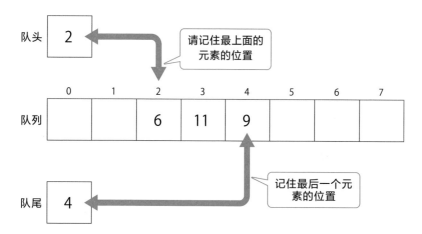

图2-52 在数组中实现队列

要点

∥ 只能在队尾插入数据、在队头删除数据的数据结构被称为队列。

∥ 将数据放入队列称为排队，而将数据从队列中取出称为脱队。

∥ 队列在许多情况下会被使用，如广度优先搜索和预订系统中的等待
名单。

》虚拟内存分页算法

确定哪些东西没有被使用

在处理程序中的变量时，你可以通过增加元素的数量来存储数据，例如使用数组，但如果你启动多个程序或运行巨大的程序，这样做可能会导致内存不足。

因此，操作系统可以使用比物理内存更多的空间。然后，**它将不太使用的内存暂时保存到硬盘或其他存储介质中，以增加内存容量**，这被称为虚拟内存（图2-53）。

这里，分页算法被用来确定什么是"不经常使用的"。理解这一点的一个简单方法是前文所描述的FIFO。这是一种先收回你放进去的东西的方法，类似于先拿出最先放进去的东西。

淘汰那些不经常使用的东西

FIFO是一个简单的概念，但即使一个变量被多次使用，它也会从第一个放入的变量开始逐步疏散。在这种情况下，要用一种方法来跟踪一个变量被使用的次数。

最不经常使用算法（LFU）就是这样一种方法，它每次使用变量时都要对其进行计数，并检索和疏散最不经常使用的变量（图2-54）。

淘汰最近没有使用过的东西

考虑到已经使用过一次的东西很可能会再次使用，最近使用过的物品应该被留下，这需要用到近期最少使用算法（LRU）。它是一种检索和疏散最近没有使用过的东西的方法，这些东西距离上次使用已经过去了最长的时间（图2-55）。

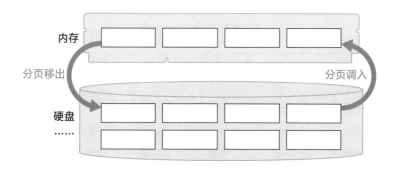

内存

分页移出　　　　　　　　　　　　　　　　分页调入

硬盘
......

图2-53　　　　　　　　　　　虚拟内存的概念

A ➡ B ➡ A ➡ C ➡ B ➡ A ➡ D ➡ B ➡ C ➡ E 的情况

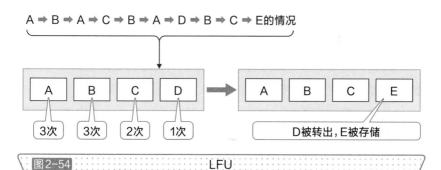

A	B	C	D

| 3次 | 3次 | 2次 | 1次 |

A	B	C	E

D被转出，E被存储

图2-54　　　　　　　　　　　　　　LFU

A ➡ B ➡ A ➡ C ➡ B ➡ A ➡ D ➡ B ➡ C ➡ E 的情况

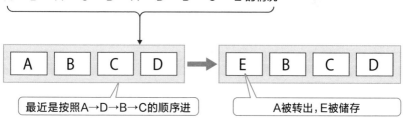

A	B	C	D

最近是按照A→D→B→C的顺序进

E	B	C	D

A被转出，E被储存

图2-55　　　　　　　　　　　　　　LRU

要点

⟋LFU是一种疏散使用次数最少的变量的方法。

⟋LRU是一种疏散最近没有使用过的变量的方法。

基础训练

计算你需要的数据量，以存储你的数据

本书中已经指出，在学习算法的时候，你需要了解数据结构。而在本章中，我们已经介绍了各种数据结构。通过设计数据结构，你不仅可以有效地处理数据，而且有机会思考在哪里存储要处理的数据。

当内存不足时，硬盘和其他外部存储设备被用作虚拟内存进行处理，但硬盘和其他外部存储设备的处理速度比内存的处理速度慢很多。在某些情况下，内存不足可能影响程序的执行，甚至导致其终止。

因此，需要考虑"在磁盘上存储数据时使用的数据量"和"将数据读入程序时使用的数据量"。

在保存数字数据时，CSV文件要求每个字符有一个字节，以便将其保存为一个字符。在程序中，这在内存中被处理为一个32位的整数。

计算下表中的数据被保存在CSV文件中和被程序在内存中处理时所需的空间量。

值	CSV文件	程序内
1		
1234		
12345678		

对数据进行分类

~按照规则排列数字~

» 升序或降序分拣

通过排序来整理数据

我们在日常生活中常常会对事物进行分类。当我们在书架上摆放漫画和杂志时，通常会按发行日期的顺序摆放。当我们把东西放进衣柜时，我们按大小顺序摆放（图3–1）。

这同样适用于计算机，计算机中的文件和文件夹不仅可以按字母顺序排列，还可以按最后更新的日期排列。排列顺序并不总是从小到大。想知道哪些产品的销售额最高，就从销售额最高的产品开始排序；想知道哪些商店的消费者最多，就从消费者数量最多的商店开始排序。

排序标准各种各样，如按数字大小、字母顺序、日期等，但计算机将所有这些都视为数值。在使用字符的情况下，字符代码允许通过简单的数字比较进行排序（图3–2）。

为什么排序在算法中非常重要？

如果只有10个左右的数据项，那么手动排序并不需要太多的时间。但如果数据的数量是几万或几亿，那么手动操作非常困难。即使以编程方式简单地处理也很耗时，所以需要更高效的方法。

因此，排序算法是人们长期以来的研究课题。要对数据进行有效的搜索，**如果事先对数据进行排序（分类），就可以设计出有效的搜索方法**。换言之，排序是许多事情的先决条件。

尽管排序只是一个基础问题，但这个概念在其他地方都可以用到。除了让你了解编程的基础知识外，它也是一个比较计算复杂性并证明其必要性的理想问题。

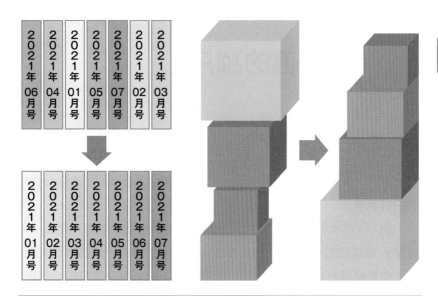

图3-1　排序的实例

文字	s	h	o	e	i	s	h	a
字符代码	115	104	111	101	105	115	104	97

文字	a	e	h	h	i	o	s	s
字符代码	97	101	104	104	105	111	115	115

图3-2　按字符代码排序

要点

- 对数据进行分类称为排序（排列成行）。
- 在对字符进行排序时，使用字符代码可以通过简单的数字比较进行排序。
- 当数据量增加时，需要设计出排序算法，否则会花费很多时间。

》 维持相同值的顺序

在排序后维持数据顺序的排序方法

如图3-3所示，如果相同的数值不会出现在一个项目中，那么按数值进行比较和排序就不是问题。然而，我们使用的一些数据会有相同的值出现。

图3-4显示了按姓氏的字母顺序排序的学生考试结果。考虑一种情况，即这些数据是按分数排序的。假设有几个学生具有相同的分数，你想对具有相同分数的学生进行排序，使他们的姓氏的字母顺序在排序的结果中不被打破。当以这种方式进行排序时，维持数据顺序不仅要考虑排序的项目，还需要稳定排序。电子表格软件，如Excel可进行稳定排序。

本节后面介绍的大多数排序方法都是稳定排序，但第3-6节中介绍的鸡尾酒排序、第3-8节中介绍的堆排序和第3-10节中介绍的快速排序是不稳定的。

内部排序和外部排序

当对一个数组进行排序时，每个元素在数组内简单交换的方法被称为内部排序。反之，需要将元素暂时存放在数组位置以外的独立存储区域的方法，称为外部排序（图3-5）。

大多数排序方法是内部排序，本书第3-9节中介绍的合并排序和第3-11节中介绍的桶排序是外部排序。

选择算法时，不仅要考虑处理速度，还要考虑使用的内存和外部存储空间的使用量。

都道府县名	面积（km²）
北海道	83424.44
青森县	9645.64
岩手县	15275.01
宫城县	7282.29
⋮	⋮
冲绳县	2282.53

按面积顺序 →

都道府县名	面积（km²）
北海道	83424.44
岩手县	15275.01
福岛县	13784.14
长野县	13561.56
⋮	⋮
香川县	1876.80

图 3-3　　　　　　　出现相同数值的数据

姓名	分数（五科总分）
木村	472
佐藤	485
铃木	472
田中	321
⋮	⋮
渡边	472

按分数顺序 →

姓名	分数（五科总分）
佐藤	485
木村	472
铃木	472
渡边	472
⋮	⋮
田中	321

图 3-4　　　　　　　同一数值出现多次的数据

内部排序　　　　　　　　　　外部排序

在内部进行交换　　　　　　　在外部进行交换

图 3-5　　　　　　　内部排序和外部排序

要点

✎ 排序方法不仅要考虑排序项目，还要在排序前后将具有相同值的数据维持在相同的顺序上，这种排序方法称为稳定排序。

✎ 在数组内部交换元素进行排序的方法称为内部排序，而利用数组以外的其他地方进行排序的方法则称为外部排序。

》通过选择最大或最小值进行排序

选择性排序将最小的值移到前面

通过反复选择数组中最小的元素并将其移到前面来进行排序，这种方法称为选择排序。

首先，检查数组的所有元素以找到最小的值。然后，将找到的值与数组的开头进行交换（图3-6）。接下来，从数组的第二个和随后的元素中搜索出最小值，并与第二个元素进行交换。重复这个过程，直到数组中的最后一个元素，排序就完成了（图3-7）。

如何找到最小的元素？

选择排序是一个简单的方法。接下来，我们考虑寻找一个数组中最小元素位置的程序。

例如，一个常见的方法是按顺序从头开始检查数组中的元素，如果出现比前一个最小值小的元素，则记录该元素的位置。

考虑计算复杂性

在选择排序中，为了找到第一个最小值，需要将第一个元素与其余 $n-1$ 个元素进行比较。同样地，找到第二个最小值需要进行 $n-2$ 次比较。这对所有元素都是重复的，所以总的比较次数是 $(n-1)+(n-2)+\cdots+1=n(n-1)/2$。

交换是一个恒定的时间，所以在考虑计算复杂性时可以忽略。如果输入数据按递减顺序排序，交换就不会发生，但比较仍然是必要的，所以计算复杂性仍然相同，为 $O(n^2)$。换言之，无论数据的顺序如何，选择排序的计算复杂性总是恒定的，均为 $O(n^2)$。

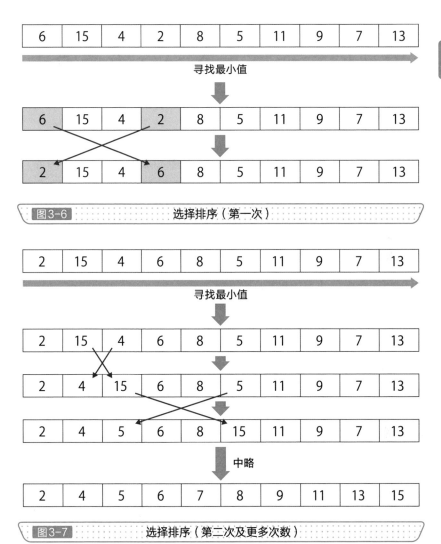

図3-6　　　　選択排序（第一次）

図3-7　　　　选择排序（第二次及更多次数）

要点

🖉 选择排序是一种通过重复移动数组中最小的元素进行排序的方法。

🖉 无论数据的顺序如何，选择排序的计算复杂性总是恒定的。

第3章　对数据进行分类

» 将数据添加到一个对齐的数组中

不破坏大小关系的插入排序

以不破坏大小关系的方式向排序的数组添加数据的方法称为插入排序。对于要添加的数据，按顺序从头开始比较数组中的元素，找到要存储的位置并添加（图3-8）。

如果所有的数据一开始就放入了数组中，这似乎无法使用插入排序，但我们可以以将数组的第一部分判断为已经被排序，再将剩余的数据依次插入已排序数组的适当位置。

例如，在图3-9中，可以认为最左边的元素是已经排序的。然后，我们取数字6后面的数字15，与排序后的值进行比较。15比6大，所以不需要改变顺序。

再取右边的数字4，与已排序的元素依次比较。如果前面的元素比较大，就进行交换。这样重复进行，直到最后一个元素，逐一扩展排序范围，排序就完成了。

考虑计算复杂性

插入排序最坏情况下的计算复杂性是：左边第二个元素进行比较和交换一次，左边第三个元素进行比较和交换两次，最右边的元素进行比较和交换 $n-1$ 次，所以总数是 $1+2+\cdots(n-1)=n(n-1)/2$ 次。这意味着最坏情况下的计算复杂性是 $O(n^2)$。

如果数据从一开始就是顺序排列，就不会发生交换。换言之，在最好的情况下，计算复杂性是 $O(n)$，因为只需要从开始到结束将每个元素比较一次大小。

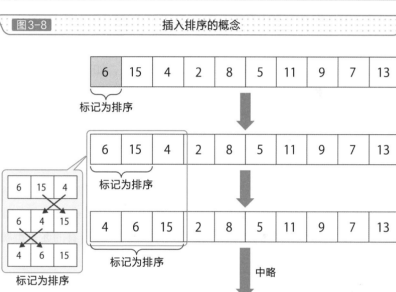

| 2 | 4 | 5 | 6 | 9 | 11 | 13 | 14 | 15 | |

找到要添加的位置　　7

| 2 | 4 | 5 | 6 | 7 | 9 | 11 | 13 | 14 | 15 |

图3-8　　　　　　　　　　插入排序的概念

| 6 | 15 | 4 | 2 | 8 | 5 | 11 | 9 | 7 | 13 |

标记为排序

| 6 | 15 | 4 | 2 | 8 | 5 | 11 | 9 | 7 | 13 |

标记为排序

6	15	4
6	4	15
4	6	15

标记为排序

| 4 | 6 | 15 | 2 | 8 | 5 | 11 | 9 | 7 | 13 |

标记为排序　　　　中略

| 2 | 4 | 5 | 6 | 7 | 8 | 9 | 11 | 13 | 15 |

图3-9　　　　　　　　　对现有数组进行插入排序

要点

✎ 插入排序是一种排序方法，它认为一个数组已经被排序，并在保留
其大小关系的情况下向其添加数据。

✎ 对于排序的数组来说，插入排序的速度很快，但如果数组的顺序是
相反的，就需要一个比较和交换所有数据的过程。

》 与紧随其后的元素进行比较

用气泡排序来比较相邻的元素

选择排序和插入排序都是通过交换数组元素来进行处理的。因此，它们可以被称为"交换排序"。但通常当我们谈到"交换排序"时，指的是气泡排序。

气泡排序是一种比较数组中相邻元素的方法，如果它们的大小顺序不同，则重新排列。气泡排序由于数据在数组中移动的方式类似于在水中漂浮的气泡而得名。

这个过程是重复的，第一轮，比较数组中的第一个元素和下一个元素，如果左边的元素较大，就与右边的元素交换，逐一移动位置。当到达数组的末端时，第一轮比较就完成了（图3-10）。

第二轮比较是，对除最右边的元素外的所有元素进行类似的比较，以确定从头到尾的第二个。这样反复进行，直到所有的元素都被排序，排序才算完成（图3-11）。

考虑计算的复杂性

气泡排序在第一轮比较中执行 $n-1$ 次比较与交换。此外，在第二轮比较中进行了 $n-2$ 次比较与交换。因此，比较和交换的总次数是 $(n-1)+(n-2)+\cdots+1=n(n-1)/2$。

无论输入数据的顺序如何，这个次数是相同的。如果输入数据是事先排列好的，就不会发生交换，但必须进行相同次数的比较。这意味着，对于像上面这样的简单情况，计算复杂性总是 $O(n^2)$。

因此，在实践中，可以采用一种更巧妙的方法。例如，可以记录是否发生了交换，如果没有发生交换，就不进行进一步处理。

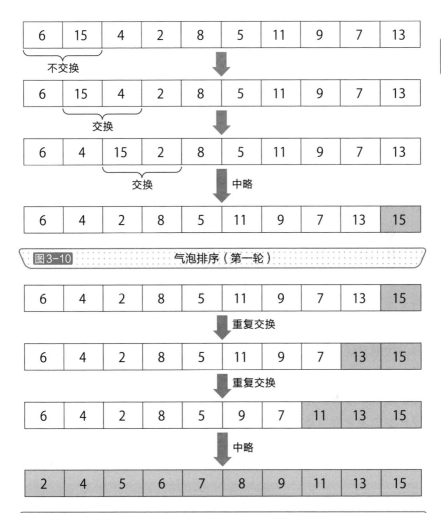

图3-10　　　　　　　　　　气泡排序（第一轮）

图3-11　　　　　　　　　　气泡排序（第二轮及以后）

要点

✎ 气泡排序是一种通过反复比较和交换数组中的相邻元素进行排序的方法。

✎ 在一个简单的气泡排序中，无论输入数据的序列如何，处理时间都是恒定的。

085

第3章　对数据进行分类

» 数组的双向排序

用于双向处理的鸡尾酒排序

在本书第3-5节介绍的气泡排序中，最大的数字在反复交换后移到了最后一个位置。这种将最小的数字向相反方向移动的方法是鸡尾酒排序。顾名思义，它的特点是以摇晃的方式移动。

具体来说，就是**先将最大的数字移到最后一个位置，再将最小的数字移到第一个位置，这次是从相反的方向向前移动**。重复这一过程。气泡排序是在一个方向上移动，而鸡尾酒排序是在两个方向上移动（图3-12）。

和气泡排序一样，如果没有发生交换，那么这个过程就会终止，因为数据已经排序了，可以像插入排序一样快速处理。

例如，考虑图3-13中所示的初始数据。在这种情况下，最右边的元素最初是按升序排列的，并不进行交换。从左到右交换时，要记录下有多少元素没有连续交换。当你以相反的方向检查数据时，可以从一开始就跳过这些元素，然后开始排序。

考虑计算的复杂性

与气泡排序一样，鸡尾酒排序最坏情况下的计算复杂性为 $O(n^2)$。虽然计算复杂性相同，但它是双向的，比气泡排序稍快。然而，由于初始数据的顺序是一样的，一般来说变化不大。

数据已经排序的情况可以用 $O(n)$ 来处理，因为如果是单向比较，实际过程不需要任何交换，只计算没有交换的次数，以便跳读。

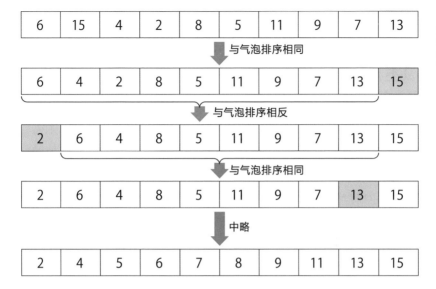

图3-12　　　　　　　　　鸡尾酒排序

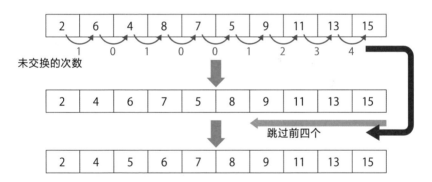

图3-13　　　　　　　跳过读取对齐数据的方法

要点

✎ 鸡尾酒排序是一种通过在反方向上进行气泡排序来缩小分拣范围的排序方法。

✎ 通过跳过事先对齐的数据，可以高速处理，这取决于初始数据的顺序。

» 交换排序和插入排序相结合，速度更快

等距分拣的希尔排序

插入排序涉及交换和排序相邻的数据，如果它们不对齐，则需要更长的时间来处理。如果它们的顺序是相反的，那么它们被交换的次数就会变得最多。

希尔排序则以相等的间隔抽取数组的一部分，并在其中进行插入排序或气泡排序以减少间隔，它采用了其发明者的名字。

例如，参看图3–14中所示的组数。这最初是在颜色相同的元素上进行排序，它们之间有4个间隔。这就产生了一个类似图3–14底部的数组。这是一个在前半部分数值小、后半部分数值大的数组。

接下来，按间隔2、间隔1对数组进行排序，以此类推。如果我们使用普通的插入排序来进行这个排序，那么这个排序将看起来像图3–15。

有许多不同的方法来确定这个时间间隔。例如，根据Knuth[1]的方法，只要不超过数组中的元素数量，就从后面开始，使用数字序列 1，4，13，40，$\cdots$，$\frac{3^k-1}{2}$。例如，对于图3–14中的10个元素，间隔1可能在间隔4之后使用。

考虑计算复杂性

在希尔排序中，计算复杂性也取决于所使用的时间间隔。

基本上，数值小的在前半部分，大的在后半部分，所以作为一个整体，可以利用插入排序的优势——如果它们是对齐的，就会更快。

最坏情况下的计算时间为 $O(n^2)$，与插入排序相同，但已知平均计算时间为 $O(n^{1.25})$。

---

[1] 指Donald Knuth，Tex排版系统的开发者，其著作《计算机编程的艺术》被誉为"算法的圣经"。

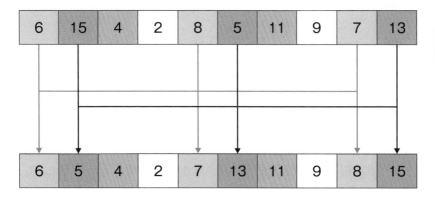

图3-14　　　　　　　　　　　　希尔排序（间隔4）

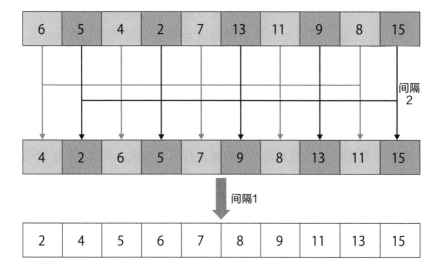

图3-15　　　　　　　　　　　　希尔排序（间隔2→1）

要点

⌀ 希尔排序是一种以相等的间隔取出数组，并在数组内以较小的间隔重复进行排序的方法。

⌀ 希尔排序的处理速度因间隔不同而不同，但平均而言，它比简单的插入排序要快。

» 在创建堆的同时进行排序

我们在本书第2-16节中对数据结构堆进行了解释。在一个堆中，最小的值在根部，提取后重建。这个堆也用于排序，也就是堆排序。

换言之，**这个想法是通过从给定的数据中创建一个堆，并按顺序从其中提取元素进行排序**。考虑到提取后重建堆的时间，这样不仅可以快速构建堆，而且利用这种机制也可以快速处理排序。

首先，通过将所有的数字存储在堆中来构建堆（图3-16）。图3-16中构建的堆是重复从前面的数组中提取元素，并使用本书第2-16节中描述的程序，将其添加到堆中的结果。

然后，在构建这个堆之后，我们考虑先取出最小的数字。在堆中，最小的值总是在根部，所以当提取最小的值时，我们只需要看一下根部。然后，每次检索时都要对堆进行重新配置（图3-17）。

当堆被检索为空时，将检索到的数据按顺序排列，排序就自动完成。

构建堆所需的计算量为$O(n\log n)$，因为该过程是在n个数据上进行的。把数字一个个取出来，并创建一个排序的数组所需的计算量也是$O(n\log n)$。

换言之，堆排序的计算时间是$O(n\log n)$，比选择排序、插入排序和冒泡排序的$O(n^2)$快。

然而，实现依次构建堆和从堆中检索是很烦琐的，其源代码也很复杂。

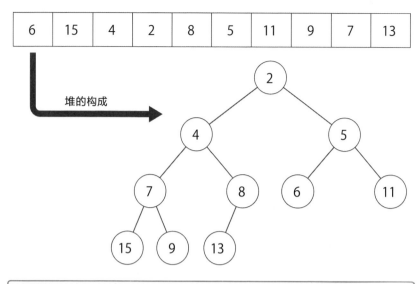

图3-16 　　　　　　　　　　　　　　堆的构成

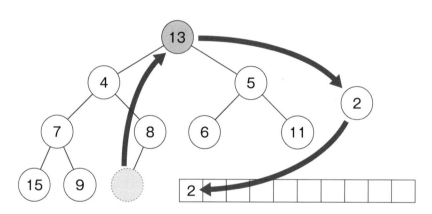

图3-17 　　　　　　　　　　　　　从堆中提取信息

要点

✎ 堆排序是一种使用堆作为数据结构进行排序的方法。

✎ 堆排序比选择排序、插入排序和气泡排序更快，但实现起来更复杂。

通过比较合并多个数据

合并不相干元素的合并排序

将包含要排序数据的数组视为不相干的元素，合并这些数组的方法被称为合并排序（图3-18）。

与之前介绍的其他排序不同，在合并排序中，一个新的数组被创建在一个单独的区域并被处理。例如，这可以在一个外部区域，而不是内存中。通过这样的方式，在合并时，数组中的值按递减顺序排序，当整体变成一个数组时，所有的值都已经排序了。

以图3-18为例，考虑一下其中第三至第四行中两个数组[6，15]和[2，4，8]合并的情况。首先，比较开头的6和2，取出较小的2。接下来，在剩余数组的开头比较6和4，取出较小的4。随后，将6和8进行比较，取出6，然后将8和15进行比较，取出8。最后，取出剩余的15，完成这个过程（图3-19）。重复进行这个过程，直到所有数字都在一个组中。

考虑计算复杂性

思考一下合并排序的合并部分的计算复杂性：合并两个数组只是重复比较和检索每个数组中的第一个值，可以按照所产生的数组的长度顺序进行。如果总共有 n 个元素，则顺序为 $O(n)$。

接下来，考虑到要合并的阶段数，如果 n 个数组被合并，直到只有一个数组，则阶段数为 $\log 2^n$，给出的总体计算时间为 $O(n\log n)$。

合并排序的一个特点是，它可以用于内存中无法容纳的大量数据：它可以在提取两个数据的同时对数据进行排序，因此可以对多个磁盘设备上的数据进行合并排序。

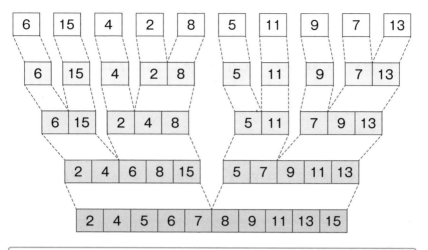

图3-18　　　　　　　　　　　合并排序

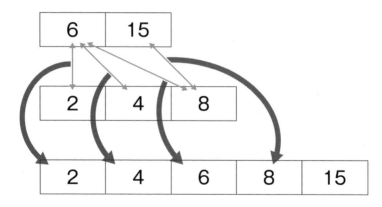

图3-19　　　　　　　　　　　从头到尾的比较

要点

✏ 合并排序是一种对多个数组反复合并，并从头开始比较，进行排序的方法。

✏ 合并排序稳定、快速，不管数据在排序前的顺序是什么。

» 一般性的快速和常用排序

分成更小的单元的快速排序

快速排序是从一个数组中随机选择一个数据，在此基础上将其分为较小和较大的元素，并在每个数组中再次重复同样的过程的排序方法。这种方法一般被归类为"分治法"，即把数据分成更小的单元，然后重复这一过程。如果这些单位被分割到不能再分的程度，那么将它们合并就可以求得结果（图3-20）。

在这点上，**标准的选择很重要**。如果选择得好，这个过程可以很快；如果选择得差，可能根本分不下去，其需要的时间与解决原始问题所用的时间相同。

在快速排列中，这个标准数据被称为支点。有许多方法选择支点（pivot），这里我们使用"数组中的第一个元素"，并进行比较（图3-21）。数组开头的"6"被当作支点，并分成两个元素，一个比6小，一个比6大。对两个分割的阵列中的每个都要进行同样的处理。

请注意，**这个过程只是分割，而不是明确的排序**。换言之，拆分所得的数组不是按升序排列的。然而，通过拆分到最后，将出现在最底层的数组连接起来，可以得到一个排序的结果。

考虑计算复杂性

如果支点选择得当，快速排序的计算复杂性为 $O(n\log n)$，与合并排序相同。这是因为，与合并排序一样，重复次数减半。在最坏的情况下，计算复杂性是 $O(n^2)$。在实际操作中，它比堆排序和合并排序要快。

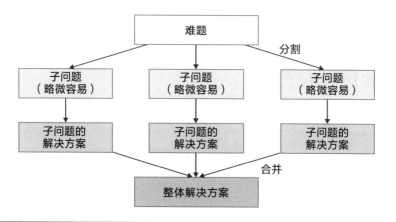

图3-20　　　　　　　　　　　　　　　　　　分治法

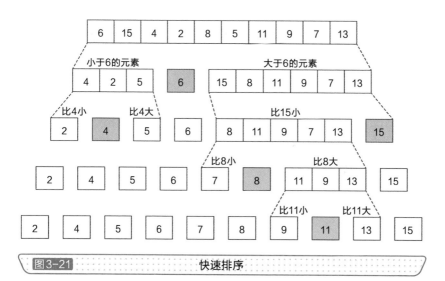

图3-21　　　　　　　　　　　　　　　　　　快速排序

要点

📝 快速排序是一种利用分治法的概念，将数据分为大于或小于参考值的支点来进行排序的方法。

📝 在快速排序中，如果你能很好地选择参考支点，排序就会很快，但在糟糕的情况下，也可能会很慢。

≫ 当可能的值有限制时很有用的排序方法

桶排序可实现快速排序

到目前为止本书描述的方法可以用于任何数值，包括小数和负数。然而，在现实生活中，也存在受到限制的情况。例如，在一个满分100分的学校考试中，分数只能是整数，从0到100只有101个可能的值。

在这种情况下，有一种更快的排序方式，它被称为桶排序或箱排序。顾名思义，**它是一个基于桶或箱的类比，其中可能的值的数量是事先准备好的**。然后你数一数每个桶或箱容器里能储存多少个数字。我们以一个简单的调查问卷为例进行说明。在这个调查问卷中，选项为1（非常好）、2（好）、3（正常）、4（差）和5（非常差）。在这种情况下，你要准备5个容器，从1到5，并将数据依次放入每个容器中。一旦所有的数据都被输入，下一步就是取出与每个容器中的数量相同的数据（图3-22）。

考虑计算复杂性

考虑一下有 n 个数据和 m 个可能的值的情况。在这种情况下，将数据放入的时间是 $O(n)$，取出来的时间是 $O(m+n)$。换言之，总数是 $O(m+n)$，如果 m 很小，这个过程就会很快。

应用于基数排序的桶排序

桶排序的一个应用是基数排序。例如，对于一个三位数，可以将桶排序用于个位、十位和百位中的每一位。这样，即使数值很大，也能快速处理（图3-23）。这种排序需要使用稳定排序。

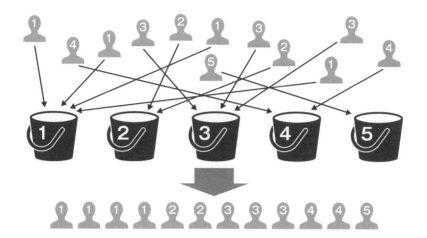

图3-22 桶排序

678	123	32	256	76	83	512	56

↓ 按个位数排序

32	512	123	83	256	76	56	678

↓ 按十位数排序

512	123	32	256	56	76	678	83

↓ 按百位数排序

32	56	76	83	123	256	512	678

图3-23 基数排序

要点

✍ 桶排序是一种当可能的值有限制时使用的排序方法。

✍ 在基数排序中,通过使用桶排序等,每个数字的处理速度可以更快
一些。

» 通过提供空隙进行排序

利用空隙进行图书馆排序

目前为止所描述的排序都是假设数组中的数据紧密排列。然而，当数组足够大，并且可能会丢失数据时，为了在以后添加数据时减少排序时间，可以使用图书馆排序。

我们很容易想象这样一种情况：在图书馆的书架上，图书分类摆放。图书馆里的书基本上是按类型分类放在书架上的。在这些书架中，图书按照编号或书名的顺序排列（图3-24）。

在对这类图书进行排序时，可以使用类似插入排序的方法。在插入排序中，如果在数组中插入一个元素，你必须将所有元素移到该位置后面。这就是使插入排序速度缓慢的原因。但在图书馆里，图书不会填满书架，在某些部分准备了空隙，以便以后增加新的图书，这样就可以减少图书的移动。

因此，利用空隙可以实现快速排序。不过，这种方法需要更多的空间。

可以跳跃的跳跃列表

在数据结构部分，我们介绍了链表和双向链表。在这些数据结构中，添加和删除速度很快，但搜索需要从头开始。有一种方法可以跳过列表的中间部分而不是按顺序搜索，即跳跃列表（图3-25）。跳跃列表是通过跳过列表的中间部分来提高速度，与图书馆排序相似。

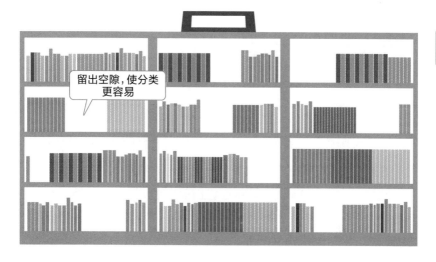

图3-24　图书馆的书架

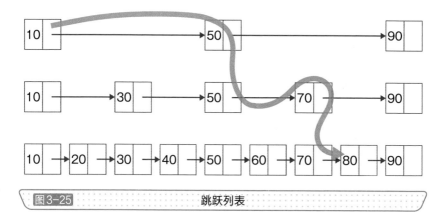

图3-25　跳跃列表

要点

- 图书馆排序是利用空隙来减少排序时间的排序方法。
- 跳跃列表允许通过跳过部分内容来有效地搜索一个综合列表。

099

≫ 趣味排序方法

删除非目的性数据的独裁者排序

独裁者排序是一种从给定的数据集中删除不适合的数据（未分类）的排序方法，得名于独裁者会处决他不喜欢的人。

例如，在图3-26中，6和8比它们前面的9要小。另外，11比它前面的13小。因此，如果我们排除这些，得到的将是有序排列的数据。

独裁者排序速度很快，因为无论给定什么数据，总是可以用 $O(n)$ 的计算量来处理，但把它用来降低排序的处理时间是一个笑话，因为丢失了必要的数据。

全凭运气的猴子排序

猴子排序是一种使用随机数来排序的方法（图3-27）。这个想法是对给定的数据进行随机排序，并检查产生的序列是否被排序。这个过程不涉及任何排序或其他操作，但如果你一次又一次地随机重复这个过程，你最终可能会得到一个有序排列的数组。

你可能只在一次偶然的尝试后得到一个有序排列的结果，也可能在多次排序后根本没有得到有序排列的结果。

如果元素的数量较少，可能会有相对较高的概率偶然得到一个好的结果，但它一般被当成一个笑话，因为它作为一种排序通常是无用的。

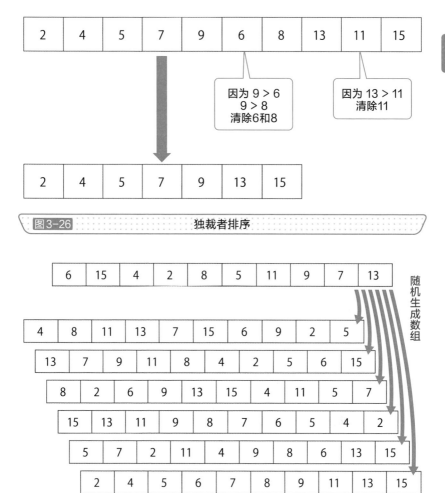

| 2 | 4 | 5 | 7 | 9 | 6 | 8 | 13 | 11 | 15 |

因为 9 > 6
9 > 8
清除6和8

因为 13 > 11
清除11

| 2 | 4 | 5 | 7 | 9 | 13 | 15 |

图3-26   独裁者排序

| 6 | 15 | 4 | 2 | 8 | 5 | 11 | 9 | 7 | 13 |

随机生成数组

| 4 | 8 | 11 | 13 | 7 | 15 | 6 | 9 | 2 | 5 |

| 13 | 7 | 9 | 11 | 8 | 4 | 2 | 5 | 6 | 15 |

| 8 | 2 | 6 | 9 | 13 | 15 | 4 | 11 | 5 | 7 |

| 15 | 13 | 11 | 9 | 8 | 7 | 6 | 5 | 4 | 2 |

| 5 | 7 | 2 | 11 | 4 | 9 | 8 | 6 | 13 | 15 |

| 2 | 4 | 5 | 6 | 7 | 8 | 9 | 11 | 13 | 15 |

······

图3-27   猴子排序

要点

🖉 独裁者排序是一种通过清除未对齐数据来强制实现排序状态的
方法。

🖉 猴子排序是一种随机生成数组最终实现有序排列的方法。

≫ 我应该选择哪种方法?

最佳的排序取决于数据

图3-28显示了所介绍的几种排序方法的计算复杂性的比较。重要的是要明白,每种排序方法都有自己的特点,**没有一种排序方法对所有数据都是最佳的。**

当数据内容发生变化时,堆排序的计算复杂性变化不大,但它不常使用,因为它不能并行,而且不能提供连续的内存访问。

虽然无论给定什么数据,合并排序都可以在类似的计算时间内处理,而且可以并行,但在对大量数据进行排序时,需要大量的内存。在许多情况下,合并排序和快速排序都很快,但在某些情况下,箱排序是最快的。

你需要有理解和比较排序算法各自特点的能力。

从程序执行时间上比较排序算法

排序算法的执行时间变化很大。不过,在现实中也可能不会出现非常糟糕的情况,平均来说可能会获得良好的结果。

因此,让我们创建一个真正的程序并测试处理时间。堆排序和合并排序的平均计算时间为 $O(n\log n)$,与快速排序相同,但快速排序的最差计算时间为 $O(n^2)$。这表明,堆排序和合并排序是比快速排序更好的算法。但当我们在环境中实际创建它时,它就会变成图3-29那样。根据选择的算法不同,结果会发生如此大的变化。

排序方法	平均计算时间	最差计算时间	备注
选择排序	$O(n^2)$	$O(n^2)$	即使在最好的情况下 $O(n^2)$
插入排序	$O(n^2)$	$O(n^2)$	在最好的情况下 $O(n)$
气泡排序	$O(n^2)$	$O(n^2)$	
鸡尾酒排序	$O(n^2)$	$O(n^2)$	
希尔排序	$O(n^{1.25})$	$O(n^2)$	
堆排序	$O(n\log n)$	$O(n\log n)$	
合并排序	$O(n\log n)$	$O(n\log n)$	
快速排序	$O(n\log n)$	$O(n^2)$	实际上，它的速度是很快的

图3-28　　按顺序比较

（Python执行5次，取除最大值和最小值以外3次结果的平均值）

排序方法	10 000件	20 000件	30 000件
选择排序	5.71秒	25.58秒	58.41秒
插入排序	7.03秒	27.10秒	67.35秒
气泡排序	14.71秒	61.69秒	140.34秒
鸡尾酒排序	12.21秒	53.69秒	124.82秒
希尔排序	5.85秒	25.90秒	56.41秒
堆排序	0.13秒	0.33秒	0.51秒
合并排序	0.05秒	0.15秒	0.20秒
快速排序	0.03秒	0.11秒	0.13秒

图3-29　　作者的模拟结果

要点

- 没有一种排序方法对所有数据都是最佳的排序方法。
- 在真实的数据上进行不同的算法尝试，即使是相同的顺序，也会有不同的效果。

基础训练

绘制排序流程图

本章介绍了一些排序算法。即使你对它们的运行方式有所认识，在考虑如何将它们作为一个方案来实现时，画一个流程图也是很有用的。

例如，选择排序的处理步骤可以表示为一个流程图，如图3-30所示。

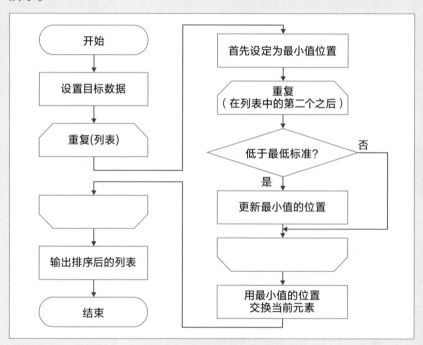

图3-30　　选择排序处理步骤的流程图

对于其他算法，可以尝试用同样的方法绘制流程图。Excel和Power Point有流程图图形，利用这些工具可以轻松绘制流程。

还有一些在线服务允许你只使用网络浏览器来绘制流程图，你可以试一试。

查找数据

~ 如何快速找到所需的值？ ~

从多个数据集中找到符合标准的那一个

检索和搜索之间的差异

当从大量的数据中寻找所需的数据时，就会用到检索和搜索这两个术语。两者都有"寻找"的意思，但检索是指在数据库等中寻找必要的信息，而搜索是指寻找未知信息（图4-1）。

换言之，**检索通常用于发现更多已经在某种程度上已知的东西，而搜索通常用于发现最初不知道其存在的东西。**

搜索是指在某个数据存储在一个数组中，但我们不知道它在哪里，甚至不知道它是否存在，在这种情况下找到所需的数据。

为什么搜索在算法中很重要？

如果数据总共只有10个左右，那么手动寻找并不需要太多的时间。然而，如果是几万或几十万甚至几亿条记录，就很难用人工来完成。这和排序是一样的：即使是以编程方式来排序，也需要大量时间，所以需要一个高效的方法。

如何寻找有效的搜索方法取决于你想找到的东西。例如，如果你想在字典或电话簿中找到一个特定的关键词或名字，你必须按字母顺序翻页，决定你要在你所打开的页面之前或之后寻找。

或者，你想去书店寻找某本书。书店里有很多书，如果你简单地从这头找到那头，会耗费很多时间。这些书也不是按书名的字母顺序排列的。我们将按照所需图书的类型来定位书架，然后在这些书架中进行搜索。因此，我们需要根据我们的目的来选择我们的搜索方式（图4-2）。

类型	检索	搜索
寻找目的	详细地了解已知的东西 （知道某些东西的存在）	找出未知的东西 （甚至不知道是否存在）
寻找对象	在一定程度上知道 （知道问题的答案）	了解不多 （不知道问题的答案）
寻找环境	有条理的 （图书、网络、数据库等）	不知道是否有条理
寻找方法	在某种程度上是固定的 （例如，查阅字典或使用搜索引擎）	需要设计一个更好的方式 （想出更有效的方法）

图4-1　　　　　　　　　　　　　检索和搜索

搜索对象少　　　　　　按顺序排列　　　　　　不按顺序排列

查找所有的东西，很快　　打开页面，判断页面前后的
就能找到它们　　　　　　　　情况　　　　　　　　按类别搜索

图4-2　　　　　　　　　　　　　不同的搜索方法

要点

✎ 在搜索时，你不仅不知道数据在哪里，它还可能原本就不存在。

✎ 如果你不根据要搜索的内容设计一个搜索方法，你可能会花费大量
的时间。

» 一个不漏地搜索

当总体数量较少时，如何进行搜索？

搜索方法多种多样，但如果要搜索的数据总量很小，就没有必要考虑算法。很多时候都不用考虑算法，手动搜索就够了。

接下来，以取硬币为例。请你考虑一下从钱包里取出100日元硬币的情况。普通人的钱包里可能只有10到20个硬币，而且只有6种硬币：1日元硬币、5日元硬币、10日元硬币、50日元硬币、100日元硬币和500日元硬币。在这种情况下，不需要特别努力去寻找100日元硬币，只要寻找银色的硬币，很快就能找到。

即使有大量的数据，全局搜索依然可以是有效的

即使存在大量的数据，有时也不会使用效率高的搜索方法。有一种方法，通常被称为全局搜索或彻底搜索，即列举所有的可能。在全局搜索中，找到你想要的数据的唯一方法是在列举的数据中寻找满足条件的数据，这是一个低效的方法，但你会在某个时刻找到你想要的数据。**如果你没有找到，就说明它本来不存在**（图4-3）。

全局搜索对于只使用一次的数据是有用的，因为程序的实施往往相对简单（图4-4）。

人类不愿做简单重复的任务，但计算机能做。因此，如果数据的数量少，进行全局搜索也是有效的。"少"的定义取决于计算机的性能，举例来说，如果一台计算机每秒能够进行1亿次计算，那么进行1亿次计算就可以说是"少"的。

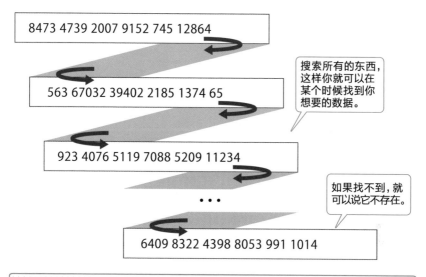

図4-3　　　　　　　　　　　全局搜索的优势

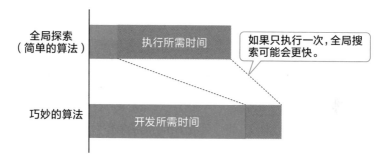

図4-4　　　　　　　　　　　选择全局搜索的理由

要点

🖉 如果数据的数量较少，即使是全局搜索也可以在几分之一秒内处理
完毕，因此没有必要开发复杂的程序。

🖉 如果只使用一次，那么全局搜索可能更有效率。

🖉 计算机擅长简单的任务，所以可以高速进行简单的处理。

» 从头开始搜索

依次检查数据

如果数据存储在一个一维数组中，可以从数组的开始到数组的结尾进行搜索。这样的搜索方法被称为 线性搜索。线性搜索需要很长的处理时间，因为要进行全局搜索，**但它的程序结构非常简单，因为它只按顺序检查数据**。它常在数据数量较少时使用。

例如在图4-5那样的数组中搜索目标值"4"时，首先将它与第一个数据"5"进行比较，如果匹配就在这里结束搜索；如果不匹配将它与下一个数据"3"进行比较，如果匹配就结束搜索。重复这个过程，直到数据与你所需的值相匹配。

考虑线性搜索的步骤

在许多情况下，搜索的目的不仅是找出数据是否存在，我们还想知道数据在数组中的位置。

可以创建一个函数，将一个数组和所需的值作为参数进行传递进行线性搜索，如果找到则返回数组的索引，如果没有找到通常返回-1（图4-6）。

考虑计算复杂性

在线性搜索中，如果一开始就找到了，则完成一次比较；但如果没有找到，则需要进行与数组中元素数量一样多的比较。如果数组中的元素数为 n，在最后没有找到，那么需要进行 n 次比较。在这种情况下，平均比较次数是由总的比较次数除以数据数量得到的，为（$1+2+3+\cdots+n$）$/n$。换言之，需要进行 $\left(\dfrac{1+2+3+\cdots+n}{n}\right)/2$ 次比较。在最坏的情况下，需要进行 n 次比较，所以该算法的计算复杂性是 $O(n)$。

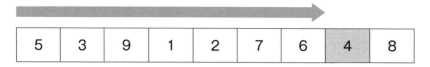

图4-5 　　　　　　　　　　线性搜索

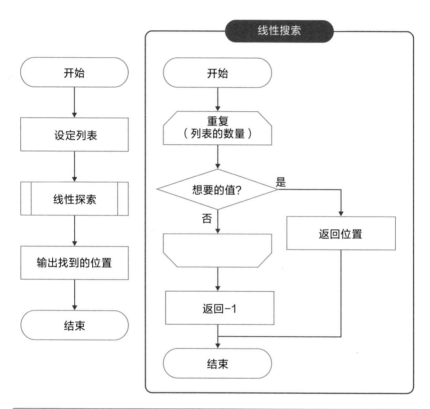

图4-6 　　　　　　　　　　线性搜索流程图

要点

🖉 线性搜索是从数组的开头到结束进行顺序搜索。

🖉 线性搜索的计算复杂性是（ $n+1$ ）/2。

》从排序后的数据中搜索

将搜索区域一分为二，以提高效率

如果要高速处理越来越多的数据，我们可以用一种类似于从字典或电话簿中寻找一个值的方式。当寻找一个值时，该方法可以确定该值是在当前位置之前还是之后。它被称为二分搜索，因为要搜索的范围只有一半，而且将数据的数量减半，所以提高了效率。要使用这种方法，数据必须按常规顺序排列，例如按字母顺序排列。

例如，考虑一种情况，**数据以升序存储在一个数组中**，如图4-7所示。要找到这里的值"7"，首先要与中心的"11"相比较。因为7比11小，所以我们要寻找前一半。接下来，将前半部分与中央的"5"进行比较。这一次，它大于5，所以要找的是后一半。重复这一过程，直到所需的值被匹配，搜索就完成了。

考虑计算复杂性

乍一看，这似乎是一个复杂的过程，但看看图4-8，你可以看到搜索范围已经缩小了。当数据很少的时候，这似乎没有什么影响，但是当数据很大的时候，情况就会发生很大的变化：一次比较会使搜索范围减半，这意味着即使数组元素的数量增加一倍，比较的次数也只会增加一次。如图4-8所示，即使数据数量增加到1000个，任何数据都可以在大约10次比较中找到；即使数据数量增加到100万，也可以在20次比较中找到。可以看出，二分搜索的计算复杂性是 $O(\log n)$。

因此，如果数据量很大，二分搜索的速度绝大部分都比线性搜索快。然而，进行二分搜索必须事先对数据进行分类排序。当数据数量较少时，线性搜索可能已经足够了，所以要区别使用。

1	3	4	5	7	8	10	11	13	14	16	17	19	20	21

1	3	4	5	7	8	10

7	8	10

7

图4-7　　　　　　　　　　　　　　二分搜索

数据数量	比较次数
不足2个	1次
不足4个	2次
不足8个	3次
不足16个	4次
不足32个	5次
不足64个	6次
不足128个	7次
不足256个	8次

数据数量	比较次数
不足512个	9次
不足1024个	10次
……	……
不足65536个	16次
……	……
不足1048576个	20次
……	……
不足42亿个	32次

图4-8　　　　　　　　　　　　　二分搜索中的比较次数

要　点

✎ 将搜索区域分为两半，两边同时进行搜索的方法，称为二分搜索。

✎ 为了进行二分搜索，有必要事先将数据按顺序排列。

✎ 当数据量很大时，二分搜索的速度绝大部分都比线性搜索快。

》 按距离远近顺序搜索

搜索的同时逐步扩大深度

在线性搜索和二分搜索中，我们考虑在一维数组中搜索数据。然而，正如第2章所介绍的，数据不仅存储于数组中，而且存储于其他各种数据结构中。

接下来，考虑一下从树状结构存储的数据中搜索所需数据的模式。比如，在计算机上的一个文件夹中存储的文件中搜索一个名为"sample.txt"的文件。文件夹内可以创建更多的文件夹，因此有必要尽可能深入地搜索（图4-9）。

在搜索这样的树状结构时，广度优先搜索是一种可用方法，它是按照接近树状结构根部的顺序进行的。**它是一点一点地深入搜索，可以快速地搜索离根部很近的层次结构**。如果只需要找到树状结构中最近的一个对象，那么一旦找到它就可以终止这个过程，这样效率很高。

如何存储正在搜索的数据？

本书第2-21节介绍的队列经常被用来保存在广度优先搜索中被搜索的数据。最初，队列只保存根的值，当一个节点被处理时，该元素的下一级层次结构被检查，子节点的值被添加到队列中。

这确保了当数据从队列中检索时，下一个层次的节点的值被添加到队列的末端。通过从前面依次处理元素，同时向队列中添加元素，可以实现广度优先的搜索，如图4-10所示。

在树状结构中，层次越深，该层次中的节点就越多，这就增加了队列的内存使用率。换言之，如果你想检查所有满足条件的树状结构，你需要有与树状结构的某个层次中的节点数量一样多的可用内存。

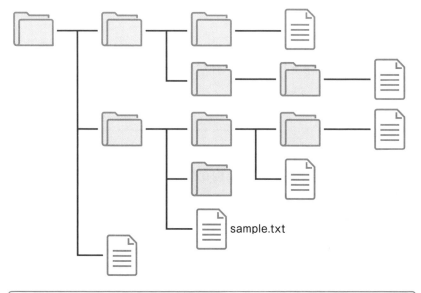

图4-9 搜索文件

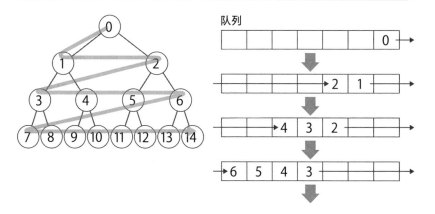

图4-10 广度优先搜索

要 点

🖉 广度优先搜索是一种从离根部最近的那个树状结构开始依次搜索的
方法。

🖉 在广度优先搜索中经常使用队列来保存搜索过程中的数据。

》 依次搜索相邻的对象

检查所有的模式

深度优先搜索是一种与广度优先搜索相对的搜索树状结构的方法。在深度优先搜索中，树状结构在某一方向上被推进到最远，如果不能再往前走，就会终止进程并返回树状结构，也称为回溯。

它经常用于竞技游戏，如黑白棋、将棋和围棋，**当你想一直搜索到某一深度时，它适合调查所有路径，从中选择最佳路径**（图4-11）。

然而，即使你只想找到一条接近根的路径，也要进行一定深度的搜索。

如何存储正在搜索的路径？

本书第2-20节介绍的堆栈经常被用于深度优先搜索。堆栈中只填充了根值。在处理一个节点时，一边将下一层的数据堆叠在堆栈上，一边继续进行处理（图4-12）。

这允许你在停止处理当前节点以外的内容时，将其从堆栈中取出来，从而返回到上一个层次结构。然后，重复处理下一个节点。

广度优先搜索要求将层次结构中的所有数据都存储在队列中，而深度优先搜索只记录到节点的路径。换言之，即使层次结构变得更深，为树状结构的深度预留的内存也是足够的。即使你想搜索所有满足条件的树状结构，你也只需要检查树状结构层次的深度，并预留该数量的内存。

这样一来，即使是简单的树状结构搜索，也有必要区分广度优先和深度优先，要考虑到所使用的内存量、要搜索的内容和搜索终止的条件。

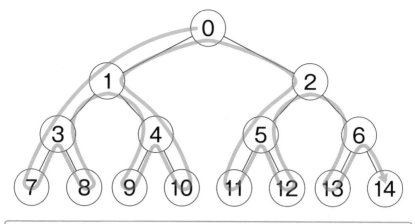

图4-11　　　　　　　　　　　　　　　　深度优先搜索

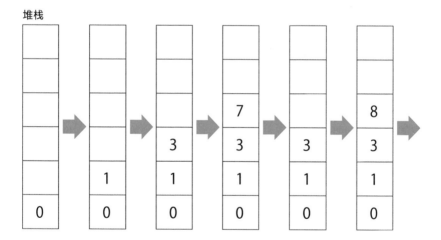

堆栈

图4-12　　　　　　　　　　　　　　　　困在深度优先搜索中

要　点

✎ 深度优先搜索是一种在某一方向上尽量搜索树状结构，当它不能再
往前走时再返回的方法。

✎ 在深度优先搜索中，通常使用一个堆栈来保存正在搜索的数据。

» 深入搜索层次结构

在一个函数中调用该函数

在深度优先搜索过程中，从一个节点寻找下一个节点的过程对任何节点都是一样的。换言之，如果你创建了一个从一个节点追踪到它的子节点的函数，你可以在从该子节点搜索下一个时使用相同的函数。

像这样，从函数中调用自身被称为递归，而从递归的方式调用一个函数被称为递归调用。可以用大家都熟悉的例子来表示递归，图4-13所示为一台摄像机在拍摄一台电视，并将其拍摄的内容投射到该电视上，如果你尝试这样做，你会看到电视图像在电视上无休止地重复，这就是递归。

虽然递归使程序易于实现，但如果你不指定一个结束条件，它就会无休止地继续下去。因此，在使用递归时，一个退出条件是必不可少的。

通过终止搜索来提高处理速度

如果所有的组合模式都可以用树状结构表示，那么就可以通过递归的方式搜索一切。然而，在实践中，有时不能检查所有的组合模式。

例如，如果我们考虑象棋或围棋这样的游戏，其模式之大，对它们进行全部检查是不现实的。因此，可采用一种通过设定某种标准来终止搜索的方法（图4-14）：你可以决定搜索的深度，如果你发现你会输，你就终止进一步搜索。这种在中间终止搜索的方法被称为分支定界。

在树状结构搜索中，**搜索越深入，搜索量就越会爆炸性地增加，所以在早期阶段分支定界会非常有效。**

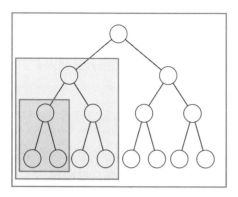

图 4-13 .... 递归 ....

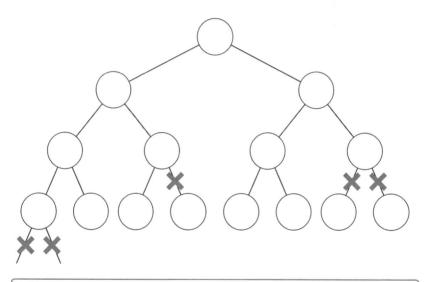

图 4-14 .... 分支定界 ....

要点

✐ 从一个函数中调用自身函数称为递归。

✐ 当使用递归时，有必要指定一个退出条件。

✐ 分支定界是一种在树状结构中终止搜索的方法，如果在早期终止搜索，会非常有效。

» 差异取决于树状结构的遍历顺序

前序遍历和后序遍历

当深度优先搜索一个树状结构时，多次搜索同一个节点的效率很低，**所以最好对每个节点只搜索一次，并且需要避免任何遗漏。**

树状结构有三种可能的处理顺序：第一，按前序遍历（优先顺序），即每个节点在其子节点被追踪之前被处理（图4-15左）；第二，与前序遍历相反的是后序遍历，即在每个节点的子节点被追踪之后再处理节点（图4-15右）。

只能用于二叉树的中序遍历

追踪左侧的子节点，然后处理该节点，接着处理右侧的子节点，这种方法被称为中序遍历（图4-16）。这种方法只能用于二叉树，因为在有三个或更多子节点的情况下，不知道该在什么时候处理。

波兰表示法和逆波兰表示法

数学公式的表示方法可以用来说明上述三者的关系。考虑一下，在一个树状结构中进行计算的情况，如图4-17所示。

在我们日常的数学公式中，四则运算的符号写在数字之间。运算符号写在前面的称为波兰表示法，写在后面的称为逆波兰表示法。

波兰表示法和逆波兰表示法经常被用来实现类似计算器的程序，因为不需要使用括号来改变运算符的优先顺序。

前序遍历

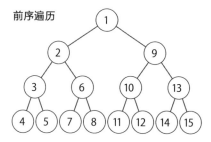

后序遍历

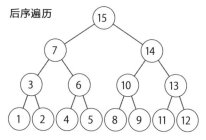

图4-15　　　　　　　　前序遍历和后序遍历

中序遍历

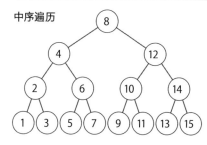

中序遍历

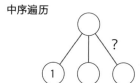

图4-16　　　　　　　　中序遍历

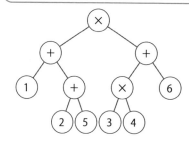

【中序遍历】
（1+（2+5））×（（3×4）+6）

【波兰表示法】
×＋1＋25＋×346

【逆波兰表示法】
125＋＋34×6＋×

图4-17　　　　　波兰表示法和逆波兰表示法

要点

⚬ 在树状结构中，有两种处理节点的方法：在遍历其子节点之前，先处理这个节点，即前序遍历；在遍历一个节点之后，再回到该节点，即后序遍历。

⚬ 中序遍历是指在遍历了一个节点的左侧子节点后，再处理右侧的节点的方法。

» 也可以在相反的方向进行搜索

交替搜索，提高效率

线性搜索、二分搜索、广度优先搜索和深度优先搜索都是从一个方向进行搜索。将这些搜索方法与反向搜索方法相结合，有时会更高效。

接下来，我们以迷宫难题为例进行说明。在迷宫中，从起点到终点的搜索和从终点到起点的搜索应该取得同样的结果。

然而，简单地从相反的方向搜索，对处理时间没有什么影响。尽管根据要搜索的路径会有轻微的差异，但搜索的时间几乎相同（图4-18）。

这就是双向搜索：同时从起点和终点搜索。当我们说同时进行时，实际上我们考虑的是交替搜索。~~如果你从两边以广度优先的方式进行搜索，并在中间相遇，你会知道这是一条最短的路线~~（图4-19）。

考虑要检查的路径数量

如图4-19右侧所示，从两个方向进行搜索，可能会比从一个方向搜索产生更少的路径。假设每个分支都有两个选择，在起点和目标之间有12个分支，那么从起点开始就有$2^{12}=4096$条可能的路径可供考察。

如果从两个方向搜索，6个分支中的每一个都要检查，所以有$2^6=64$条路径，如果从每个方向考虑，有$64 \times 2=128$条路径。这意味着需要检查的数量约减少到原来的1/30。随着分支数量的增加，差异也在增加。

让两个搜索路径在中间相遇有点麻烦，但考虑到处理时间，它是迄今为止最快的。

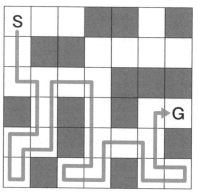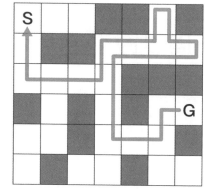

图4-18　　　　　　　　　　　　探寻迷宫之旅

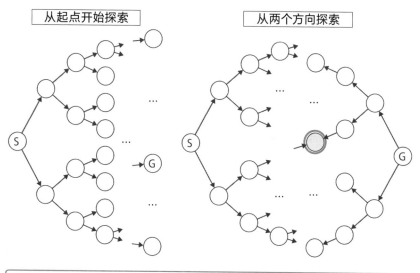

图4-19　　　　　　　　　　　　双向搜索

要点

✎ 双向搜索是一种从起点和终点（目标）同时（交替）搜索的方法。

✎ 使用双向搜索，并在中间相遇时结束搜索，可以比单向搜索更快。

» 通过改变起点和终点进行搜索

在连续的区间中找出符合条件的情况

在春天，樱花盛开的条件是"每天的最高气温总量超过600℃"和"每天的平均气温总量超过400℃"。在第二种情况下，只需将2月1日以来每天的最高气温相加即可，但接下来的问题是，对于第一种情况，"在某一年中，每天的最高气温总量超过600℃的最长连续天数是多少？"

如果既不知道开始日期，也不知道结束日期，最直接的方法是将开始日期定为1月1日，然后将每天的最高气温加起来，直到每天的最高气温总量超过600℃，然后将开始日期定为1月2日，以此类推（图4-20）。然而，这不高效。

因此，我们选择这样一种方法：开始日期是固定的，结束日期是可移动的，当每天的最高气温总量超过600℃时，就移动开始日期，直到低于600℃。然后再移动结束日期，直到再次超过600℃（图4-21）。

这利用了减少左端会减少总数，增加右端会增加总数的特点。因此，**它只能用于在连续区间中寻找最小或最大的长度或计算数量**。这种通过反复缩小左端和扩大右端进行搜索的方法被称为"尺取法"。

考虑计算复杂性

如果不使用尺取法，则需要在转移起始位置的过程中进行转移终点位置的过程。换言之，需要两步，这在计算复杂性上是 $O(n^2)$。

而当使用尺取法时，开始和结束的位置都只是依次从左端移到右端。虽然它们移动的速度不同，但每个只在一个方向上依次移动，所以计算复杂性是 $O(n)$。

日期	1/1	1/2	1/3	1/4	1/5	1/6	1/7	1/8	1/9
最高气温	12℃	14℃	13℃	12℃	15℃	13℃	14℃	17℃	16℃

检查到每天的最高气温总量超过600℃

检查到每天的最高气温总量超过600℃

检查到每天的最高气温总量超过600℃

图4-20　　　　　区间总和

日期	1/1	1/2	1/3	1/4	1/5	1/6	1/7	1/8	1/9
最高气温	12℃	14℃	13℃	12℃	15℃	13℃	14℃	17℃	16℃

检查到每天的最高气温总量超过600℃

左端减少1天

右端增加1天，直到每天的最高气温总量超过600℃为止

左端减少1天

右端增加1天，直到每天的最高气温总量超过600℃为止

图4-21　　　　　尺取法

要点

∅ 尺取法是一种反复缩小左端和扩大右端的搜索方法。

∅ 要使用尺取法，区间必须是连续的。

∅ 使用尺取法，你可以更快地找到满足条件的数据。

» 通过关注边缘寻找最短路径

寻求最有效率的途径

换乘指南和汽车导航系统已经成为我们生活中不可或缺的一部分。先进的算法被用来满足这些系统。例如，在几条可能的路线中寻找最有效（成本最低）的路线，这被称为最短路径问题。

在检查路径时，我们经常使用一种以圆和线表示路径的方法（图4-22），这种方法被称为图。如同在树状结构中，图中每个圆被称为一个顶点或节点，每条线是一条边或分支。当考虑所有这些路径时，如果有 n 个节点，则有 n 种方法选择第一个节点，有 $n-1$ 种方法选择第二个节点，以此类推，所有节点的路径总数为 $n \times (n-1) \times \cdots \times 2 \times 1 = n!$ 因此，需要一种有效的方法来寻找最短路径。

通过关注边的权重找到最短路径

在寻找最短路径时，贝尔曼-福特算法是一种专注于边的权重（成本）的方法。最初，从起点到每个节点的成本的初始值对于起点来说被设定为0，对于所有其他点来说被设定为无穷大（图4-23）。这个成本是一个从起始点到该节点的最短路径长度的临时值。当选择一条边时，如果该边的成本加上边两端较小的节点的成本小于另一个节点的成本，则较大节点的成本被更新。这使它随着计算的进行而变得越来越小。

对所有的边缘重复这一过程，然后从头再做一遍。当所有节点的成本不再更新，并且找到从起点到所有节点的最小成本时，这个过程就结束了。其优点是，即使成本为负数，也可以顺利进行。

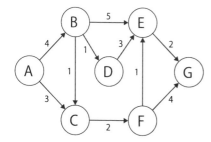

路径	距离
A → B → D → E → G	10
A → B → E → G	11
A → B → C → F → E → G	10
A → B → C → F → G	11
A → C → F → E → G	8
A → C → F → G	9

图4-22 　　　　　　　　　　　最短路径问题

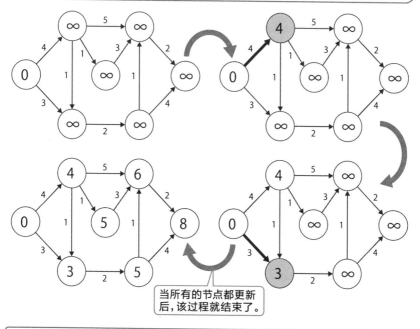

当所有的节点都更新后，该过程就结束了。

图4-23 　　　　　　　　　　　贝尔曼-福特算法

要点

🖉 最短路径问题是指在地图上的几条路径中寻找最有效率的路径。

🖉 在寻找最短路径时，贝尔曼-福特算法主要关注边的权重。

🖉 即使边缘权重为负数，也可以使用贝尔曼-福特算法。

≫ 通过关注节点找到最短路径

高效查找最短路线

贝尔曼–福特算法也可以用来寻找最短路径，但需要更多的巧思和速度。贝尔曼–福特算法专注于边，但戴克斯特拉算法专注于节点。

这种方法通过反复选择与当前节点相连的节点中成本最低的节点来进行搜索。

考虑贝尔曼–福德算法中使用的相同图形。第一个节点的成本为零，然后检查从该节点可以到达的节点及其成本（图4–24）。然后选择成本最低的节点，并检查从该节点可到达的下一个节点及其成本（图4–25）。

如此反复，依次选择成本最小的候选节点，从尚未处理的节点开始。然后，标记具有最低成本的节点，并从尚未标记的节点中寻找具有最低成本的节点。

最后找到最短路径，如图4–26所示。在这种情况下，成本为8。

注意成本值

戴克斯特拉算法的特点是，它只寻求成本最小的路径，所以一旦找到最小的路径，就不需要进一步搜索。然而，如果将一个负值作为成本值，可能无法找到正确的路径。

上述方法寻找的是尚未被标记的节点，但也可以在这里使用优先级队列来加速这一过程。

成本/节点	A	B	C	D	E	F	G
0	○						
1							
2							
3			○				
4		○					
5							
…							

图4-24　　　　　　　　　戴克斯特拉算法

成本/节点	A	B	C	D	E	F	G
0	○						
1							
2							
3			○				
4		○					
5						○	
6							
…							

图4-25　　　　　　接下来用戴克斯特拉算法进行搜索

成本/节点	A	B	C	D	E	F	G
0	○						
1							
2							
3			○				
4		○					
5			○	○		○	
6					○		
7							
8				○			○
9				○			○
10							
11							

图4-26　　　　　　　　　完成戴克斯特拉算法

要点

✎ 在解决最短路径问题时，戴克斯特拉算法是一种专注于节点并进行
计算的方法。

» 使用经验法则进行搜索

尽可能减少搜索无用路线

$A*$算法是戴克斯特拉算法的进一步发展。这是一种加快进程的方法，**它设计了一种方法来避免寻找远离目标的不必要路径**。

例如，在图4-27中，当从A到G时，查找相反方向的路径，即X或Y，显然是没有用的。因此，要确定你正在远离目的地，就要考虑从目前的位置到目标的估计成本，以及从起点到目标的成本。

坐标平面内的这种估计要用到**欧几里得距离**或**曼哈顿距离**（图4-28）。欧几里得距离是一种寻找两点之间直线距离的方法，而曼哈顿距离则使用坐标的x轴和y轴之差的绝对值。使用曼哈顿距离，无论使用哪条路径，都可以得到两点之间的相同数值。

根据估算进行搜索

将开始的实际成本和估计成本相加，以便尽可能地减少对远离目标路径的搜索。让我们假设，对目标的估计值如图4-29所示。写在节点右下角的数值（如$X/10$为10）是对目标的估计值。

这个数值并不准确，它只是一个估计。但这个估计值和成本可用于通过更新成本来寻找最短距离，其方法与戴克斯特拉算法相同。

如果成本估计值大于实际值，那么$A*$算法就不一定能找到最短路径。同样重要的是要注意，这个成本必须是固定的，如果它发生变化，就无法找到最佳解决方案。

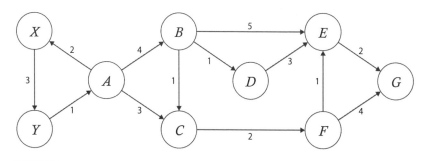

图 4-27　无效路径的例子

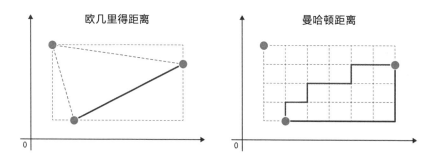

欧几里得距离　　　　　　　　　曼哈顿距离

图 4-28　欧几里得距离和曼哈顿距离

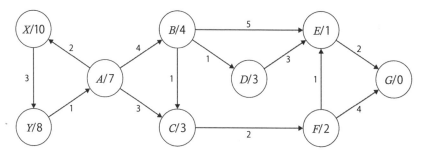

图 4-29　路径估算

要点

🖉 A*算法是一种在最短路径问题中尽可能避免无用路径的方法。

🖉 A*算法用欧几里得距离或曼哈顿距离来估计成本。

» 找到损害最小的那一个

竞技游戏中的计算机思维

在黑白棋、象棋和围棋等竞技游戏中，你需要考虑对手的行动以及你自己的行动。如果你想建立一台能够赢得这种竞争性游戏的计算机，你需要能够提前预知几步。

在这方面，可以采用极小化极大算法。**这是一种假设对手选择对你最不利的行动后，你选择最佳行动的方法**。例如，假设在一个特定的情况下有4个可能的行动。如果你考虑到对手的行动，你可以按照图4-30所示的树状结构来思考，最后阶段的评价值在底部给出。这个评价值越高，对计算机就越有利。

让我们首先考虑图4-31中的场景中计算机的行动。为了考虑在这种情况下对计算机最有利的行动，我们选择在可能的选择中具有最高评价值的行动。下一个人将选择对计算机最不利的行动。换言之，在图4-32中，从可以选择的行动中选择评价值最低的那个。

最后，在4个可能的行动中，计算机将选择评价值最高的一个，以便选择最有利的行动。

防止无用搜索的Alpha-Beta算法

在极小化极大算法中，所有的模式都被检查了，那些具有最高评价值的模式被选中，但实际上，进行的是徒劳的搜索。如果在你的回合中，你的棋步的估值小于最大估值，不需要进一步搜索。同样地，如果对手的棋步比最小估值大，也可以终止搜索。这种巧妙的方法被称为Alpha-Beta算法。

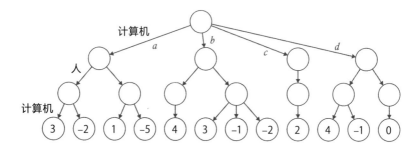

图4-30　　　　　　　　　　　　　极小化极大算法

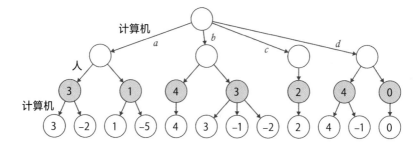

图4-31　　　　　　　　　　　　　计算机的行动

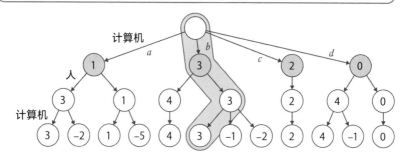

图4-32　　　　　　　　　　　　　人的行动

要点

✎ 极小化极大算法是一种在竞争性游戏中，假设对手选择了对自己最
不利的行动后，自己选择最佳行动的方法。

✎ Alpha-Beta算法是极小化极大算法的改进算法。

» 在句子中搜索文本字符串

花大力气搜索字符串

当你打开一个网页或PDF文件，如果你想知道文件中某个特定的词写在哪里，你可以使用软件提供的检索功能。当你在一篇长文中寻找一串特定的字符时，如果这篇长文提供了像图书中一样的索引，你可能会很快找到所需的关键词。问题是许多文本没有索引。

我马上想到的一种算法是，从前面开始，一个一个地查找每个字符，直到找到一个匹配的字符。在这种情况下，文档文件或其他文件被称为文本，而要找到的字符串被称为模式。

例如，要找到SHOEISHA SESHOP文本中SHOP模式的位置，比较第一个"S"，看它是否匹配；然后比较下一个"H"，以此类推，每次转移一个字母进行搜索。如果没有找到匹配的，第一个字母将被移位一个字母。

用这种方法，**如果在匹配到一半后出现不匹配的情况，就必须重新定位并重新搜索文本**。这是一种简单的方法，称为暴力搜索或穷举搜索，效率不高（图4-33）。

加快文本的搜寻速度而不改变其位置

KMP算法（Knuth-Morris-Pratt算法），以三位发明者名字的第一个字母命名，**是一种在发生不匹配时不返回文本位置而继续进行的方法**，而不是像暴力搜索那样每次移动一个字符，从而加快搜索速度。

对于模式中的每个字符，当出现不匹配的情况时，如果该字符在文本中不存在，就会被一次性移位，如图4-34所示。这可能会使这个过程比暴力搜索更快，但两者没有太大的区别。

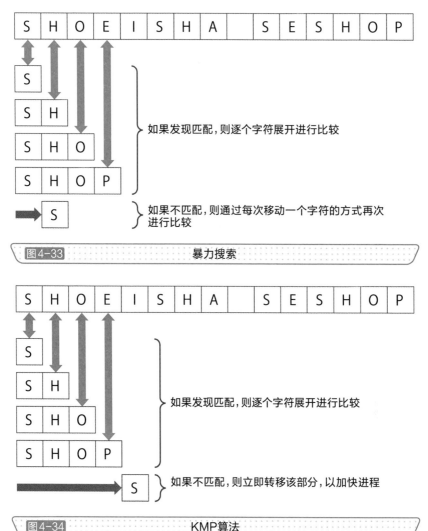

如果发现匹配,则逐个字符展开进行比较

如果不匹配,则通过每次移动一个字符的方式再次进行比较

图4-33　　　　　　　　　　　暴力搜索

如果发现匹配,则逐个字符展开进行比较

如果不匹配,则立即转移该部分,以加快进程

图4-34　　　　　　　　　　　KMP算法

要点

✎ 在搜索字符串时,暴力搜索从前面开始对字符串进行简单的顺序比较。

✎ KMP算法用于搜索字符串,当不匹配时不改变比较的位置。

» 以一种巧妙的方式搜索字符串

从后对比字符串

在检索字符串时，暴力搜索和KMP算法是从前面开始比较的，但BM算法（Boyer-Moore算法）是从后面开始比较的，这种算法以发明者的首字母命名。

这种"从后面比较"的关键点是，**如果不匹配，它有可能使匹配的结果发生重大转变**。这意味着，如果模式较长，可以一次性跳过前半部分的文字，而不必看前半部分的文字。在这种情况下，为了根据不匹配的字符来考虑需要移位的字符数，事先要对模式中出现的字符进行检查，并制定一个"移位表"。

例如，如图4-35所示，先设置要移位的字符数，如果文本侧用于比较的字符不包括在模式中，可以一次性跳过设置的字符数。

比较计算复杂性

当模式中的字符数为 m，文本中的字符数为 n 时，比较每种字符串搜索算法的计算复杂性。例如，如果我们考虑暴力搜索移位1，并在没有匹配时返回，则其计算复杂性为 $O(mn)$。

在KMP算法中，比较的计算复杂性是 $O(n)$，因为它在不匹配的情况下不返回，$O(m)$ 用于构建位移表，所以总数是 $O(m+n)$。这意味着该算法比暴力搜索更有效。在实践中，文本和模式相似的情况很少，暴力搜索可能比复杂的算法更快。

在许多情况下，BM算法移位了 m 个字符，也就是模式中的字符数，其计算复杂性为 $O(n/m)$。如果只需要找到其中一个，即使在最坏的情况下，这个过程实际上可以快得多，因为比较需要 $O(n)$，构建位移表需要 $O(m)$，计算复杂性总共是 $O(m+n)$（图4-36）。

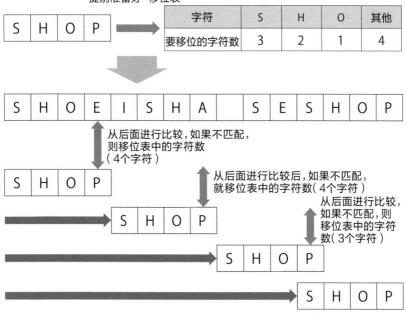

提前准备好"移位表"

字符	S	H	O	其他
要移位的字符数	3	2	1	4

从后面进行比较，如果不匹配，则移位表中的字符数（4个字符）

从后面进行比较后，如果不匹配，就移位表中的字符数（4个字符）

从后面进行比较，如果不匹配，则移位表中的字符数（3个字符）

図4-35　　　　BM算法

算法	从大约1MB的文本中进行10次检索，筛选出10个合适的字符	从大约1MB的文本中进行10次检索，筛选出50个合适的字符
暴力搜索	3.20秒	3.15秒
KMP算法	2.58秒	2.51秒
BM算法	0.67秒	0.25秒

図4-36　　　　处理时间的比较（在作者自己的环境中进行）

要点

与暴力搜索和KMP算法不同，BM算法对字符串进行反向比较。

BM算法比暴力搜索和KMP算法更快，因为当发生不匹配时，可能会有很大的转变。

第4章

查找数据

» 搜索符合特定模式

在一种格式下表现各种字符串

到目前为止我们介绍的字符串搜索是一种寻找文本中特定字符串的方法，但在实践中，有时你想同时搜索类似的字符串，或检查它们是否遵循特定的格式。

例如，当你想检查"macOS""MacOS""macOS"和"MacOS"这四个模式是否出现时，**依次搜索每个模式会很麻烦，所以如果能够一次性搜索这些模式就会很简便。**

在这种情况下需要使用正则表达式，使用符号"［mM］ac￥s?OS"进行搜索，可对上述四个模式进行一次性搜索。

假设邮编格式是三个数字、一个连字符加上四个数字。如果你想搜索一个给定的字符串是否符合这种格式，可以用符号"￥d{3}-￥d{4}"。

正则表达式使用图4-37所示的特殊字符，这些字符被称为元字符。

用状态转移表思考问题

在编程语言中使用正则表达式时，你基本上只需使用每种语言提供的库。如果知道内部是如何进行处理的，你也许能够设计出编写正则表达式的方法。

然而，正则表达式的处理非常复杂，甚至需要单独写一本书来说明，所以这里我们只介绍状态转移表中的概念。例如，正则表达式"a*b+c?d"可以用状态转换图表示，如图4-38所示。

通过这种方式，你可以根据输入改变状态，以检查其是否符合模式。如果你想了解更多这方面的信息，请阅读专业图书。

元字符	意义	元字符	意义
.	任何一个字符	¥s	半角空格
^	行头	¥d	半角数字
$	行末	¥w	半角字母、数字和下横线
¥n	改行	¥t	元字符
*	前面的模式有零次或多次重复		
+	一个或多个重复的紧接在前的模式		
?	零次或一次重复紧随其后的模式		
{num}	num 重复紧接在前的模式（num包含一个数字）		
{min,max}	最小到最大的紧接在前的模式的重复（最小，最大包含一个数字）		

图 4-37　　　　　　　　　　　　元字符的实例

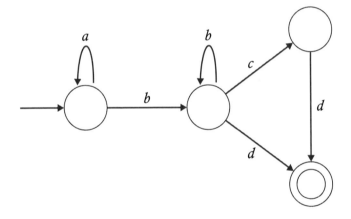

图 4-38　　　　　　　　　　　　状态转移表

要点

 🖉 正则表达式可以用来一次性检索符合指定条件的字符串。

 🖉 正则表达式不仅可以通过使用编程语言提供的库来检查，还可以通过绘制状态转换图来检查。

想象一下你周围使用的搜索方式

许多人在想到要在大量数据中找到他们想要的数据时，可能会想到谷歌等搜索引擎。互联网上有大量的数据，按照适合用户的顺序提取数据的技术是非常复杂的。

在我们的日常生活中，路线搜索也是一种搜索算法。这种算法需要考虑所需时间、费用和步行距离等条件，并从大量的路线中找出我们可以有效施行的路线。

对日本人来说，"假名-汉字转换"是另一项重要技术。现在，用键盘输入平假名可将其转换为汉字、片假名等，甚至在智能手机上，只要输入一些字符，系统就能预测并显示可能的转换列表。这背后有一个大型词典，可通过预测上下文来搜索所寻求的单词，并显示用户所寻求的转换结果。

你还可以找出其他用到搜索算法的环境。

搜索情况	搜索技术	使用的目的（预期）
例如：修理自行车爆胎	将自行车内带浸入水中	检查爆胎部位是否有漏水

第 5 章

机器学习中使用的算法

～支持人工智能的计算方法～

》从数据中进行分类和预测

与普通软件的区别

我们使用的许多软件都是根据预定的规格和规则建立的。这些规格和规则是由人驱动的，由现有的业务和需求决定。

有了规格和规则后，通常软件开发就没有问题了，但在表达像人类知识这样的东西时，情况就不同了。例如，写下医生用于诊断疾病的所有知识并试图在软件中实现它就是非常困难的。

机器学习**是一种基于许多过去案例自动学习规则的方式**（图5-1）。其构思是通过提供大量的数据，让计算机自动学习，**其特点是学习的两个步骤：学习和预测（推理）。**

使用机器学习的情况

机器学习可以用于所有情况，但它的专业领域有限，主要用于分类和回归（图5-2）。

分类是将给定的数据分为若干组。例如，当得到一张动物图片时，这可能涉及将其分为"狗的图片""猫的图片"，或将带有相同手写数字的图片分为同一类。

回归是用来从给定的数据中找到一些数值。例如，根据风向和气压等数据确定降水的概率，或根据温度和天气等数据预测销售额。

在这些情况下，我们通常使用概率做出判断，假设数据中存在噪声等。这有时被称为统计机器学习。机器学习分为有监督学习、无监督学习和强化学习。

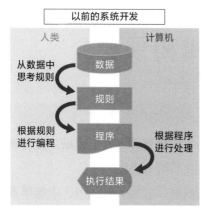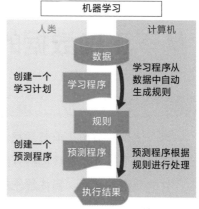

温度（℃）	湿度（%）	日照时间（小时）	耗电量（kW·h）
21	61	8	20.3
25	70	6.5	24.2
23	59	7.5	23.8
28	72	7	26.9
30	68	5	19.7
26	80	4.5	18.1
24	55	6	22.5

温度（℃）	湿度（%）	日照时间（小时）	耗电量（kW·h）
26	58	5.5	?
20	80	7.5	?

图5-1　以前的系统开发和机器学习的差异

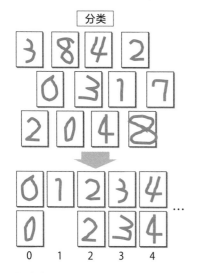

图5-2　分类和回归

要点

⌀ 计算机根据数据自动学习规则的方法被称为机器学习。

⌀ 分类和回归是机器学习擅长的领域。

» 基于正确数据的学习

越来越接近正确的结果

当有正确的数值（监督数据）要输出以及输入数据要给出时，调整规则使结果接近监督数据的方法被称为有监督学习。

它的使用方式是，**首先给出的数据是一对输入和输出，训练是基于该数据的，然后在给出未知输入数据时，预测相应的输出。**

先给的数据称为训练数据（training data），后给的数据称为验证数据（test data），训练数据用于训练系统，验证数据用于检查其准确性。一般来说，手头的数据被分为两组，一组是训练数据，另一组是验证数据。

两组数据的分隔没有固定的比例，但训练数据和验证数据可以分为5∶5、7∶3、8∶2等。有时也使用交叉验证法，即每次执行训练数据和验证数据时都要进行交换（图5-3）。

针对训练数据的模型

"正确率"是检查训练准确性的一个指标，它表示正确分类的数据在总数中的比例。但是，如果原始数据有偏差，就不可能仅仅根据正确答案的百分比来判断数据是否被正确分类。

例如，如果在100个给定的数据中，95个是A，5个是B，即使不假思索地全部预测为A，正确答案的百分比也是95%，所以可以使用图5-4所示的拟合率、再现率或F值来判断其准确性。可能会出现这样的情况：**对训练数据进行优化会使正确答案的百分比提高，而验证数据的正确答案的百分比却没有提高。**如图5-5左上角所示，这是专门针对训练数据的模型，这种情况被称为过拟合。当模型相对于训练数据的数量来说比较复杂时，往往会出现过拟合的情况。

把数据分成几个（这次是4个）

第1次	训练数据	训练数据	训练数据	验证数据	➡ 评价
第2次	训练数据	训练数据	验证数据	验证数据	➡ 评价
第3次	训练数据	验证数据	验证数据	验证数据	➡ 评价
第4次	验证数据	训练数据	验证数据	验证数据	➡ 评价

图5-3　　　　　　　　　　　　交叉验证

		结果数据	
		狗的图像	非狗类图像
预测数据	狗的图像	a	b
	狗的图像	c	d

例：被预测为狗的图像但实际上是非狗的图像的数量

$$正确率 = \frac{a+d}{a+b+c+d}$$

预测是狗而实际是狗，或预测是非狗而实际是非狗的受访者比例

$$精确率 = \frac{a}{a+b}$$

预测是狗，实际上也是狗的受访者比例

$$检索率 = \frac{a}{a+c}$$

预测为狗的图像的百分比

$$F值 = \frac{2}{\dfrac{1}{精确率} + \dfrac{1}{检索率}}$$

$$= \frac{2 \times 精确率 \times 检索率}{精确率 + 检索率}$$

图5-4　　　　计算指标的公式，判断有监督学习的准确性

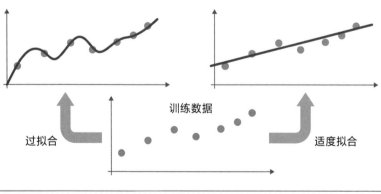

图5-5　　　　　　　　　　　　过拟合

要点

✎ 调整结果以使其接近正确的监督数据的方法被称为有监督学习。

» 通过从数据中提取特征进行分类

检查数据的共性

对于连人类都不知道正确答案或难以给出正确答案的问题，计算机只能提供输入数据。换言之，**在没有正确的输出，即监督数据的情况下，需要在数据中寻找共性并学习特征**，这被称为无监督学习。

例如，可以将具有类似特征的数据分为几组，或者用较少的数据表示与输入相同的内容。当把数据分成小组时，虽然不知道划分是否正确，但可以创建具有类似特征的小组。

另外，如果可以用较少的数据来表达与输入相同的内容，就可以减少信息量。例如，如果能从较小的数据中恢复与给定数据相同的数据，如压缩文件，那就很有用了。机器学习中使用的一个典型方法是自编码器（图5-6）。

分组的相似性

聚类是指从给定的数据中收集相似的东西，并将它们分成若干组。例如，它可以用来将未经请求的电子邮件与普通电子邮件分开，根据考试成绩将学生分成科学组和人文组，根据销售数字或销售量将热销产品与其他产品分开，或者将同一个人的照片与许多其他照片分开（图5-7）。

为了进行这种聚类，在比较多个数据时，必须要有一个判断数据是否"相似"的标准。这时就会用到一个叫作相似性的值。对于这种相似性，可以考虑各种计算方法，但如果将数据在一个平面上表示，那么每个点之间的距离就是一个容易理解的指标。例如，可以使用本书第4-13节中介绍的欧几里得距离和曼哈顿距离。

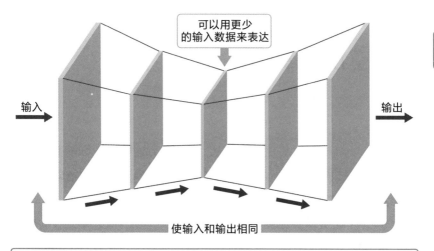

图5-6　　　　　　　　　　　　　自编码器

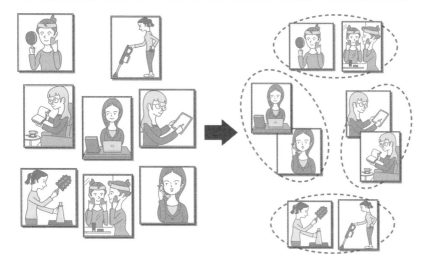

图5-7　　　　　　　　　　　　　聚类

要 点

∥ 无监督学习是一种没有给出正确答案，但在数据中发现共性并学习
特征的方法。

∥ 无监督学习的常用算法包括自编码器和聚类等。

奖励预期结果

一点一点地发展人工智能

强化学习是一种人工智能方法，在这种方法中，计算机不被人类给予正确或错误的答案（成功或失败），**但如果其试错的结果好，就会得到奖励，并学习如何使这种奖励最大化。**

例如，就围棋和象棋而言，人类无法在某一阶段判断出正确答案。因此，直到现在人们使用的方法都是学习专业人员的棋谱结果或被专业人员评价为"目前正确的答案"的值。而计算机可以相互对弈，尝试某一阶段的各种棋步，并判断最终是赢还是输（图5-8）。

然后，如果最终赢了就给予奖励，如果输了就不给予奖励。这样就可以逐步取得更好的效果。

强化学习如何运作

在强化学习中，上述的试错被称为行为，通过学习决定行为的部分被称为代理。奖励代理的部分被称为环境。考虑到奖励根据行为的不同而不同，不仅需要管理行为和奖励，还需要管理状态。

换言之，如图5-9所示，**环境根据代理的行为而改变，而代理的行为根据状态和奖励而改变。**通过重复这一过程，代理学会了以这样的方式行事，以获得更多的奖励。

而那些有多个代理联合在一起的情况，则被称为多代理。例如，在一场足球比赛中，情况会根据敌人和盟友等几个代理的行动而变化，这样的情况被称为多代理学习（图5-10）。

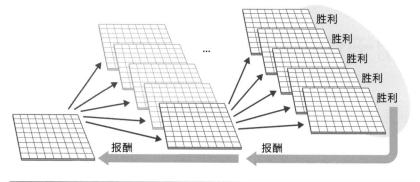

图5-8 强化学习

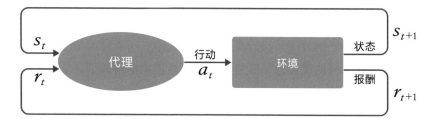

图5-9 强化学习的循环

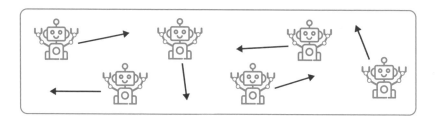

图5-10 多代理

要 点

⟋ 强化学习是一种通过奖励试错的好结果来学习的方法。

⟋ 多代理是一种在强化学习中存在多个代理，每个代理与其他代理合作的方法。

» 用于分类和回归的树状结构

学习和预测分支条件

如图5-11所示，决策树是一种通过对树状结构的分支设置条件并决定它们是否满足这些条件来解决问题的技术。从给定的数据中，通过有监督学习来学习这些条件，并考虑结构的大小（分支少，深度浅），使决策树能够被整齐地划分。在这种情况下，如果该树将数据分为多个组，则称为分类树；如果要推断一个具体的数值，则称为回归树。还有一些构建决策树的具体算法，如ID3、C4.5和CART。

使用决策树的优点包括能够处理训练数据中的缺失值，能够处理数字和分类数据以及能够直观地表示预测的基础。

简单、快速的决策树是理想的选择

在创建决策树时，如果能在简单的条件下做出较少的决定，而不是通过许多复杂的条件来获得相同的结果，则会更快。换言之，分支的数量少、深度浅是最理想的。

不纯度是对一个节点中"不同分类的比例"的量化：如果一个节点中有许多分类，不纯度就高；如果只有一种分类，不纯度就低。

信息增益是一个指标，以确定这种不纯度根据分支的不同而变化的程度。换言之，父节点和子节点之间的不纯度差异就是信息增益，如果分支的结果是干净的排序，信息增益就会很大。计算这种不纯度的方法包括熵、基尼不纯度和分类误差。这些都是为了找到一个具有较大信息增益的决策树而计算的。例如，图5-11中的信息增益可以用基尼不纯度来计算，如图5-12所示。

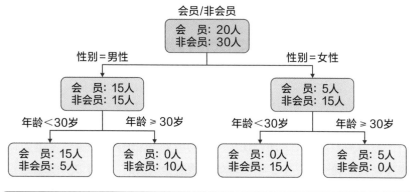

图5-11　　　　决策树的实例

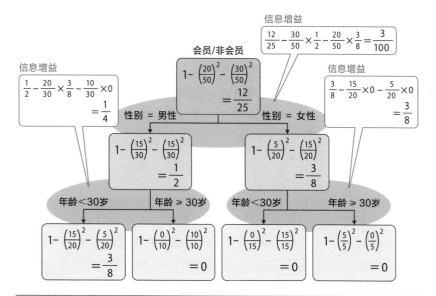

图5-12　　　　信息增益的计算（计算图5-11的基尼不纯度）

要点

  決策树是一种在树状结构的分支上设置条件并学习条件的方法。

  为了创建小规模的决策树，要确定不纯度，并使用由此计算的信息增益等指标。

» 多重决策树下的少数服从多数

用少数服从多数的原则获得更大的准确性

在分类和预测中，所以使用简单的决策树，但人们考虑了各种创新来提高其准确性。其中，随机森林使用多个决策树，每个决策树都经过训练来进行预测，然后少数服从多数，得出答案（图5-13）。

在分类的情况下，可以使用简单的少数服从多数原则，而在预测的情况下，则使用寻找平均值等方法。即使产生了正确答案比例较低的决策树，也可以使用少数服从多数原则或平均法来获得总体平衡的结果。虽然这种学习方法很简单，但众所周知，它比学习和预测一个决策树的结果更好。

这种将几个机器学习模型通过少数服从多数等结合起来以建立一个更好的模型的方法，被称为集成学习。随机森林是另一种形式的集成学习。

结合不同的模式

装袋算法是一种从大量样本中平行创建若干鉴别器，从中通过多数票做出决定的方法。随机森林可以说是装袋算法和决策树的结合。

在装袋算法的情况下，每一个都可以独立执行，允许并行处理，而提升算法是一种使用其他学习模型来进行调整的方法（图5-14）。在提升算法中，并行处理是不可能的，但它可能会取得更高的精度结果。

对于专门提高准确率的研究，集成学习是有用的，但在实践中处理起来可能太耗时。设计模型可能比使用少数服从多数等方法更具成本效益，具体应根据工作性质考虑。

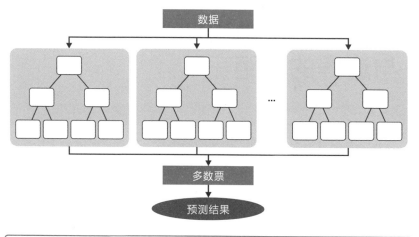

图5-13   随机森林

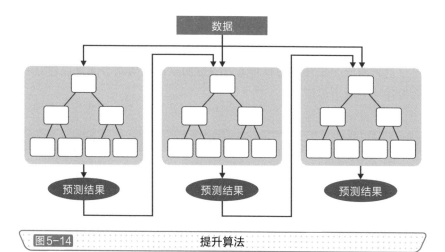

图5-14   提升算法

» 分离时最大限度地增加 与边界的间距

尽可能地建立边界，使之相距甚远

当把数据分为多个组时，例如运用聚类，有许多可能的方法来划定边界。例如，当考虑在坐标平面上将数据分为两组时，可以用一些线来划分数据，如图5-15所示。

然而，如果给出了除训练数据以外的未知数据，最好是在离每个点尽可能远的地方画出边界，以确保分类精度尽可能高。

因此，假设数据可以被一个边界分开，**支持向量机是一种将边界到最近的数据的距离最大化的方法**，这个概念被称为边际最大化。请注意，这个边界在二维中可以表示为直线或曲线，但在三维中，则是用一个平面或一个弯曲的表面来分隔它们。在更高的情况下，它们被称为超平面的边界所分隔。

如何画出数据的边界？

理想情况下，数据应该在边界处干净地分开，但现实世界的数据可能包含噪声和错误，往往不能那么干净地分开，因此一定程度的妥协是必要的。

在假设数据可以清楚地分成两部分的基础上设定边缘的方法被称为硬间隔。如果数据中含有噪声，无法明确分离，就有可能过拟合（图5-16左）。

因此，在分离数据时，当所有的数据都不能完全分离时，允许一些误差存在的方法被称为软间隔。这样就可以建立一个简单的模型，也可以防止过拟合（图5-16右）。

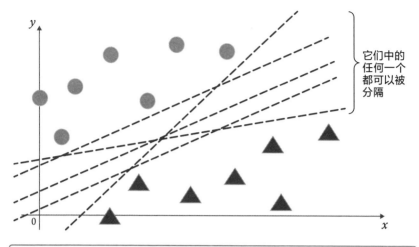

它们中的任何一个都可以被分隔

图5-15 ⋯⋯⋯⋯⋯ 如何在坐标平面内进行分隔

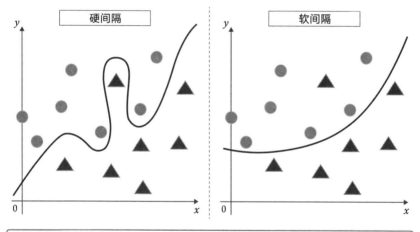

硬间隔

软间隔

图5-16 ⋯⋯⋯⋯⋯ 硬间隔和软间隔

要点

✐ 当按边界分组时，支持向量机是一种将边界到最近的数据的距离最大化的方法。

✐ 在分离数据时，有硬间隔和软间隔这两种思维方式。

» 0到1范围内的概率预测

预测从一个变量到其他变量的趋势

登山者知道，气温随着海拔的升高而降低，如果将一些数据表示为散点图，如图5-17左图所示，我们可以将海拔和气温之间的关系拟合为一条直线。

并非所有的点都在这条直线上，但如果你能画出这样一条线，你就能看到一个趋势。然后，给定一个新的海拔高度，我们也可以预测其气温。

这样一来，回归分析就是**在一组给定的数据中预测从一个变量到另一个变量的趋势的一种方式**。在这种情况下，为了尽可能地减少误差，采用了一种使"各点之间误差的平方之和"最小化的方法，这被称为最小二乘法（图5-17右）。

逻辑回归分析，输出在0和1之间

回归分析预测的是数值，但有些时候你想预测的是概率而不是数值。例如，根据体重、腹围和体脂率的数据预测生病的概率，根据年龄和去商店的频率预测购买的概率，或者预测天气预报中降水的概率。

在这种情况下，和使用回归分析一样，逻辑回归分析也是一种输出0和1之间数值的方法（图5-18）。**如果把这个介于0和1的数值视为一个概率，你可以预测它将落入两个数值中的哪一个。**

然而，如果你使用正常的回归分析并以线性函数表示，线性函数将很快超过0和1的范围，因为它是一条直线。因此，我们考虑如何通过使用某种操作将其转换为0～1的范围。

图5-18右上角所示的S型函数经常被用于这一目的。使用这个二元函数，你可以将任何数值转换到0～1的范围。换言之，由线性函数得到的值可以通过这个函数转换为概率。

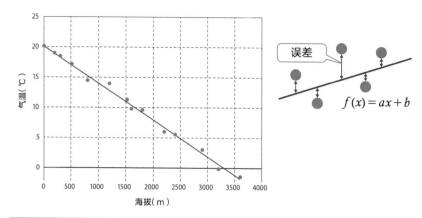

图5-17　　回归分析

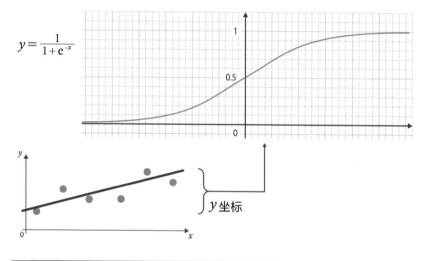

图5-18　　逻辑回归分析

要点

🖉 回归分析是预测从一个变量到另一个变量的趋势的一种方式。

🖉 除了使用回归分析外，逻辑回归分析也是一种输出0和1之间数值的方法，通常使用S型函数进行转换。

» 模仿人脑信号交换的数学模型

信号由神经元传递

神经网络是一种常用的机器学习方法。人们认为,通过连接的神经细胞(神经元)传输信号的结构与大脑的结构相似,这种方法使用数学模型来表示。**该层次结构由输入层、中间层和输出层组成,输入层的输入值通过中间层的神经元传送到输出层进行计算,并将结果输出**(图5-19)。

这种计算用的是"权重",而调整这些值相当于机器学习中的学习。输入数据、由权重计算出的输出和监督数据之间存在误差,但可以通过调整权重的数值减少这种误差。对给定的训练数据集重复这一过程,可以实现学习(图5-20)。

以相反的方向调整权重

在调整权重时,正确数据和实际输出之间的误差被称为误差函数或损失函数。如果这个误差函数的值变小,就意味着误差变小,更接近正确答案。

在寻找一个函数的最小值时,基本上都会用到导数,方法包括在第5-17节中介绍的梯度下降法(最陡下降法)和随机梯度下降法。

在神经网络中需要调整的权重不仅仅是在中间层和输出层之间。输入层和中间层之间也有权重,而且可能有一个以上的中间层。

通过将正确数据与实际输出之间的误差从输出层反向传输到中间层,再从中间层传输到输入层来调整权重的方法,称为反向传播算法(图5-21)。

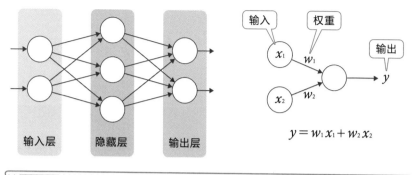

图5-19　　　　　神经网络

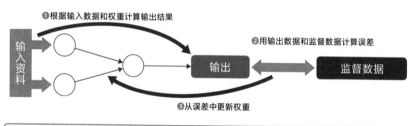

图5-20　　　　　权重的调整

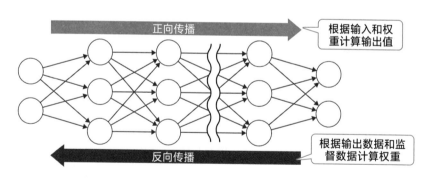

图5-21　　　　　反向传播法

要点

✎ 神经网络是通过神经（元）传输信号的模型。

✎ 反向传播算法是一种调整神经网络中权重的方法。

深化层次结构

更深层次的神经网络层次结构

深度学习的理念是，神经网络的层次越深，就可以越能表达复杂的处理，也越能解决困难的问题（图5-22）。

层次越深，学习需要的数据就越多，处理的时间就越长。如图5-23所示的激活函数通常用于表示复杂的计算，但激活函数可能会引起一些问题，如梯度消失问题，即在误差反向传播中传播的误差正在迅速减少。

然而，由于计算机性能的提高和激活函数的创新，如图5-24所示，深度学习已经取得了良好的效果，这引起了人们的注意。例如，它不仅有可能在围棋和象棋等游戏中实现超越人类的力量，而且已经普遍用于图像处理。

CNN和RNN

深度学习不是简单的神经网络的更深层次的层次。CNN（卷积神经网络）经常被用于图像处理场合。

处理图像时，与周围点的关系比单独处理每个点更重要。因此，一个被称为卷积和集合的过程被重复用来识别图像的特征。换言之，**不是零散地处理图像的点，而是用一定的方法来提取它们的特征（如颜色的突然变化）、错位等。**

RNN（循环神经网络）也经常被用于新数据接连出现的环境中，如机器翻译和语音识别。目前像这样以时间序列形式提供数据的情况的方法被经常使用。

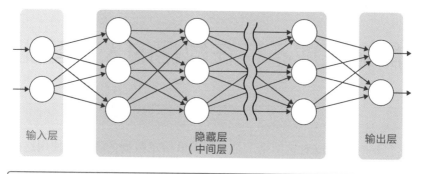

图5-22　　深度学习

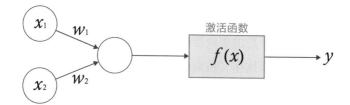

图5-23　　激活函数

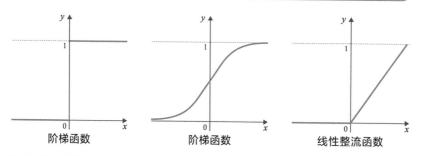

阶梯函数　　　　　阶梯函数　　　　　线性整流函数

图5-24　　激活函数的类型

要点

✎ 深度学习是一种通过加深神经网络的层次结构来实现复杂处理的方法。

✎ 根据目标的不同，可使用不同的深度学习方法，如CNN用于图像处理，RNN用于机器翻译和语音识别。

能够生成不存在数据的人工智能

造假币的人和警察的对抗

GAN（生成对抗网络）是一种获取给定数据的特征并使用这些特征生成新数据的方式。它可以使用一个人过去说过的音频来生成听起来像那个人说话的音频，也可以生成一个虚拟人物的脸部照片。

在生成图像的情况下，GAN由一个生成图像的"生成器"和一个识别图像是真实的还是由生成器创建的"判别器"组成（图5-25）。

GAN的运作可以比作"造假币的人"和"维持秩序的警察"的对抗。造假者试图尽可能地制造与现有纸币相似的伪钞，而警方则试图区分假币和真币。

早期的假币很容易被发现，但随着造假者经验的积累和制作技术的提高，他们制作的假币与真币几乎没有区别。于是警方也引入了新的技术来提高识别率，双方进行了激烈的竞争（图5-26）。

GAN能够生产出无法被人类观察者识别为假货。之所以使用"对抗"一词，是因为学习是为了实现相互冲突的目标。

制造看起来像真东西的假货

深度伪造是深度学习和伪造的混成词（图5-27）。这是一种利用人工智能合成照片、视频和音频来制造假的方法，例子包括使用过去的照片和视频，并将其中一些替换成其他的，或使用过去的音频，使其听起来像一个人在说一个完全不同的句子。即使本人出示照片或视频作为证据进行否认，周围的人也很难相信他，这会成为一个社会问题。

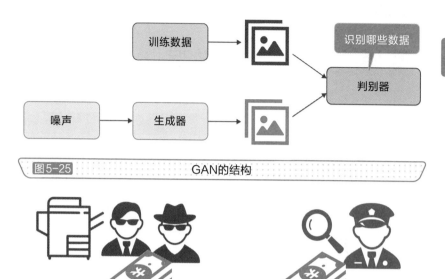

图 5-25　　　　　　　　　　GAN的结构

更接近真实的东西　　　　　　　引入新的技术来判别

图 5-26　　　　　　　　　　敌对的形象

图 5-27　　　　　　　　　　深度伪造

要点

✍ GAN是一种通过人工智能产生新事物的方法。

✍ 深度伪造是一种利用人工智能合成照片、视频和音频来造假的方法。

» 图像去噪和边界增强

数字化所特有的图像处理方式

本书第5-10节中介绍的深度学习技术之一的CNN可用于图像处理，但以各种方式处理图像文件的方法早已用于照片管理等软件中。

例如，图像过滤是一种通过在某一点周围进行特定处理来消除噪声或强调边界的方法。由于计算机和智能手机处理的图像是数字数据，因此可以通过各种计算来处理。

减少图像噪点

用相机拍摄的摄影图像含有噪点是很常见的。平滑（模糊）是用来减少这种噪点的，它是通过在移动过滤器时计算像素值的平均值来实现的（图5-28）。通过计算平均值，每个点之间的阴影被平滑化，从而减少图像中的噪点。

提取特征性形状

有时你想提取图像中的一个特征性形状，例如一条直线或一个圆。物体的轮廓也需要被提取出来，例如检测一个人的脸或识别一个物体。在这种情况下，边缘检测被用来寻找图像中亮度或其他特征突然变化的地方（图5-29）。

颜色和亮度被用来确定突然的变化。为了确定它们的变化程度，需要使用微分，在图像处理中被称为微分滤波器。它使用相邻像素值在垂直或水平方向上的差值，但在某些情况下，也会使用二阶微分滤波器（如拉普拉斯滤波器）提取出轮廓线（图5-30）。

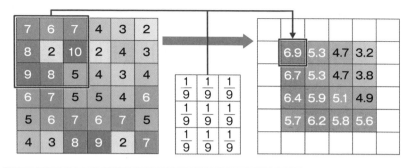

图5-28　　　　　　　　　　平滑的概念

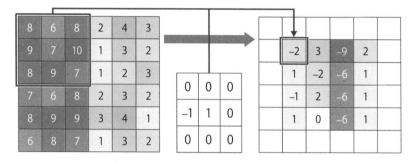

图5-29　　　　　　　　　　边缘检测

原始图像　　　　　　　　边缘检测后

图5-30　　　　　　　　　　边缘检测的实例

要点

✎ 图像过滤是去除噪点和强调图像数据边界的方法。

✎ 微分滤波器和拉普拉斯滤波器被用于边缘检测。

» 处理和执行过程中的随机选择

随机的决定行为

不仅按照预定程序处理输入数据，而且使用随机数进行排序和选择的方法被称为随机选择算法。例如，本书第1-13节中介绍的蒙特卡洛方法就是随机选择算法之一。由于选择过程是由随机数决定的，不仅过程的结果每次都会改变，而且处理过程的时间也可能是无法预测的。在本书第3-10节中介绍的快速排序可能会改变处理支点（枢轴）的时间——如果支点是随机选择的，尽管处理结果是一样的，但时间也会发生变化。

使用随机选择算法的一个好处是，它可以在数据的分布有偏差时使用。当寻找符合某个条件的数据时，如果从前面开始，你可以找到它，但符合该条件的数据可能偏向于后半部分，而随机选择算法可能会在短时间内找到它（图5-31）。

在短时间内获得一个接近正确答案的数值

启发式算法**指的是不知道是否能得到正确答案，但能在短时间内获得与正确答案接近的数值的方法。**

人们利用以前的经验和直觉进行计划，很少或根本没有思考。例如，在做饭的时候，我们凭感觉知道哪些东西应该结合起来，它们的味道应该如何以及要煮多久。

这适用于本书第4-13节中推出的 $A*$ 算法，并进一步应用于机器学习。当模式数量巨大时，如果检查所有的模式，很耗费处理时间，但利用人的经验和直觉进行处理，也可以有效地解决问题（图5-32）。

当寻找任何一个偶数的时候

如果数据是分散的，
它可以在瞬间被找到。

5	16	15	2	14	12	6	7	10	1	9	8	13	17	4	11	3

随机选择算法
都有可能在短
时间内找到

有些数据比其他数据需要
更长时间才能从前面找到。

13	5	7	17	3	9	11	15	1	4	12	8	16	2	10	6	14

图5-31　　　　　　　　使用随机选择算法的优势

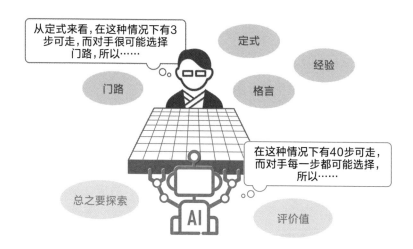

图5-32　　　　　　　　启发式算法

要点

✎ 使用随机数来选择过程内容的方法被称为随机选择算法。

✎ 随机选择算法可以改变一个程序的结果或处理的时间。

✎ 启发式算法是利用人类经验和直觉来有效解决问题的方法。

» 模仿生物进化

让强者生存下去

在自然界中，不能适应环境的物种会灭亡，而能适应的物种则会生存下去。对这一机制进行建模并将其作为程序实施的一种方法是遗传算法，该算法自20世纪60年代以来一直在使用。

遗传算法是一种模仿生物进化的概率搜索方法，**具有较高适应水平的个体具有较高的生存概率**。在这个过程中，下一代的个体是通过选择（选择具有高度适应性的个体）、交叉（通过交叉父母的基因来创造下一代）和突变（产生与父母不同的个体）等操作产生的。通过重复这些操作，具有高度适应性的个体，即接近最优解的个体数量会增加，最终会得到最优解（图5-33左）。

如何找到一个函数的最大值？

遗传算法的一个简单的例子是寻找一个函数的最大值，如图5-34左所示。个体是 x 坐标（用二进制数字表示），适应性是对应于其 x 坐标的函数值。

首先，随机生成一些个体。通过生成各种个体，可以搜索广泛的坐标。接下来，选择具有高度适应性的个体，即具有高函数值的个体。这时，大量适应性强的个体会留给下一代，但也必须留下一定数量的适应性较差的个体。因此，这里经常使用轮盘选择等方法，通过旋转轮盘来选择下一代的个体（图5-33右上方）。

然后，通过单点交叉和均匀交叉等交叉产生新的 x 坐标（图5-33右下方）。具有一定概率的进一步突变降低了系统落入局部最优解陷阱的机会。

重复这一过程，逐渐接近最大值（图5-34右）。

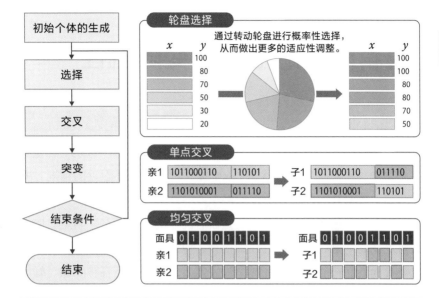

图 5-33　遗传算法过程

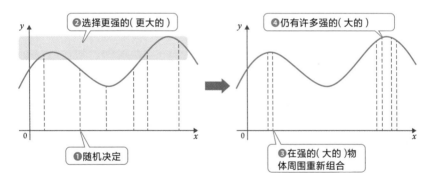

❷选择更强的（更大的）

❹仍有许多强的（大的）

❶随机决定

❸在强的（大的）物体周围重新组合

图 5-34　寻找函数最大值的例子

要点

✍ 遗传算法是模仿生物进化的概率性搜索方法。

✍ 遗传算法不仅能重复进行选择、交叉和变异的过程，还能防止变异导致局部最优解。

» 随着时间的推移改变随机性

如何循序渐进地达到顶峰?

当寻找一个函数的最大值时,可以使用爬山算法。这是一种重复操作方法,从被选为初始状态的 x 坐标开始,检查其附近的情况,并移动到函数值较大的位置(图5-35)。

一个简单的函数找到最大值是没有问题的,但存在"附近"应该如何定义的问题,可以进行详细检查,但这个过程需要时间。粗略的检查可能会在短时间内得到一个最大值,但它可能不容易收敛。好的处理方式是,**在开始时搜索一个广泛的范围,后半部分则在较窄的范围内寻找解决方案**,是像本书第5-14节中介绍的用遗传算法寻找一个函数的最大值的问题一样。

如何加热,然后进行调整?

爬山算法的缺点是对复杂的函数来说会陷入局部最优解。模拟退火算法可以消除这一缺点。

在加工工具和机器零件时,有必要通过加热来软化钢等金属,但如果加热不均匀,就会出现形状不均匀、弯曲成奇怪的形状和硬度变化等问题。因此需要均匀加热,并逐渐冷却金属,这种方法称为退火。

这种方法是先升高温度,使其软化并允许其自由变化,然后降低温度使其变硬并收敛。这允许随着模拟的进行而获得所需的数值(图5-36)。

一般来说,比较遗传算法和模拟退火算法可知,遗传算法需要更长的处理时间,但会产生一个恒定解,而模拟退火算法虽然需要更少的时间,但会产生不同的解。

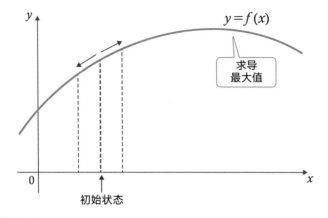

图5-35　　　爬山算法

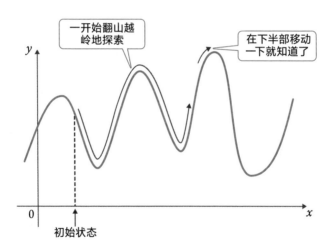

图5-36　　　模拟退火算法

要点

✎ 爬山算法是一种用于寻找简单函数最大值的简单方法。

✎ 模拟退火算法经常被用来防止陷入复杂函数的局部最优解中。

对附近的物体有很强的学习能力

把类似的物体聚集在一起

虽然本书第5-9节中介绍的神经网络的计算机制很容易理解，但它存在不清楚每个权重代表什么的问题。有一种自组织映射的方法，可以像地图一样可视化，它以少量的维度（如两个维度）表示具有许多输入维度的数据。例如，图5-37中为著名的鸢尾花数据集，即众所周知的机器学习的测试数据，被表示为两个维度。由于输入是四维的，很难看到有什么特征，但这可以用二维来表示。

如图5-37所示，"相似"的对象被聚集在一起，这通常用于数据分类和寻找相关性。正如"自组织"一词所暗示的，它是一种无监督学习，其特点是在没有得到正确答案的数据的情况下，自己进行聚类。

强力学习，接近输入数据

当数据被赋予自组织映射时，胜者是最接近其输入的那一个。离这个胜者越近，学习能力越强，离得越远，学习能力越弱。如果给出各种输入数据，最接近的数据会聚在一起，因为其学习能力更强。在图5-37的例子中，8×6的神经元被表示在一个二维平面上，每个神经元具有与输入相同的四维信息。

神经元最初是随机放置的，当输入的训练数据给定后，选择一个与输入数据接近的神经元，其周围的神经元也被拉近到输入数据的数值。

对训练数据依次重复这一过程，形成类似的神经元分组（图5-38）。

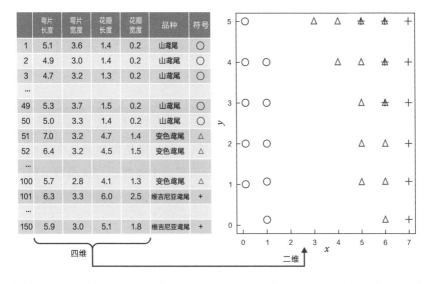

	萼片长度	萼片宽度	花瓣长度	花瓣宽度	品种	符号
1	5.1	3.6	1.4	0.2	山鸢尾	○
2	4.9	3.0	1.4	0.2	山鸢尾	○
3	4.7	3.2	1.3	0.2	山鸢尾	○
...						
49	5.3	3.7	1.5	0.2	山鸢尾	○
50	5.0	3.3	1.4	0.2	山鸢尾	○
51	7.0	3.2	4.7	1.4	变色鸢尾	△
52	6.4	3.2	4.5	1.5	变色鸢尾	△
...						
100	5.7	2.8	4.1	1.3	变色鸢尾	△
101	6.3	3.3	6.0	2.5	维吉尼亚鸢尾	+
...						
150	5.9	3.0	5.1	1.8	维吉尼亚鸢尾	+

四维

二维

图 5-37 自组织映射的实例

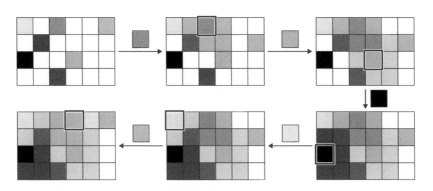

图 5-38 学习是如何开展的（想象一下所使用的颜色）

要 点

✎ 自组织映射是一种以较少维度表示和可视化输入数据的方法。

✎ 与输入数据接近的数据被认为是胜者，系统会强烈地学习与之接近的数据，这样就会自动收集类似的数据，而接近的数据则更容易理解。

» 快速求导近似解

寻找方程的解

考虑一个情况，有一个函数 $y=f(x)$，你需要找到这个函数中 $y=0$ 的坐标（图5-39左）。如果 $f(x)$ 是一个线性或二次函数，可以很容易地通过解方程得到这个 x 坐标，但对于复杂的函数，可能很难通过计算得到结果。

牛顿法是一种快速获得该 x 坐标近似值的方法。首先，确定一个任意的 x 坐标，然后从图形上的一个点在这个 x 坐标处画一条切线。然后，对于这条切线与 x 轴的交点，从交点的 x 坐标处的图形上的一个点画出一条切线。重复这一过程，就能逐渐接近你想找到的数值（图5-39右）。

向更小的数值移动

梯度下降法（最陡下降法）是一种使用斜率的方法，与牛顿法相同。这种方法在机器学习中被用来寻找最小值，不是直接从一个给定的函数中寻找最小值，而是通过在图上沿着数值递减的方向一点一点地移动来进行搜索。

如图5-40左侧所示，如果斜率为负值，则在正方向上重复搜索；如果斜率为正值，则在负方向上重复搜索；如果搜索到一个不能再移动的点，则认为是最低值。

然而，对于复杂的函数，如图5-40右侧所示，有可能落入局部最优解。如果你能从最小值附近开始，你就能找到最小值，但如果你从其他山的外侧开始，你就无法走出局部最优解。

因此，从几个初始值开始搜索等措施是必要的，有时会使用随机梯度下降法。随机梯度下降法通过洗牌和随机选择训练数据来分散初始值。这可能会减少落入局部最优解的概率。

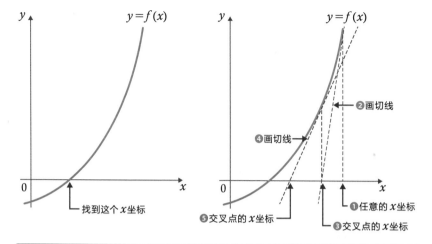

图5-39　牛顿法

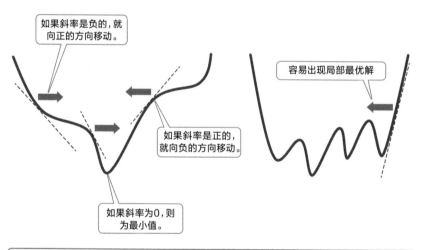

图5-40　梯度下降法

要 点

🖉 牛顿法是一种快速获得方程解的近似值的方法。

🖉 梯度下降法通过关注斜率来寻找一个函数的最小值。

» 对大量的数据进行分类

自动数据分组

*k*均值算法（*k*-means method）是一种收集类似数据并将其划分为多个组（聚类）的著名方法。**将数据分为*k*个合适的聚类后，可以通过重复计算每个聚类的平均值（重心）来自动进行分组。**

这是一种非层次的聚类方法，当你想把数据划分为规定数量的聚类时，这种方法很有用。

当你尝试*k*均值算法时会发生什么？

图5-41左图所示的10家商店的数据是用*k*均值算法进行聚类的。每个商店在工作日和节假日的销售数量表明，有些商店在工作日销售更多的商品，有些商店在节假日销售更多的商品。这可以用散点图来表示，如图5-41右图所示。

接下来，我们用*k*均值算法将其分为三个聚类。最初，给每个数据分配一个适当的聚类编号作为初始值，这里用●、▲和■表示。接下来，计算每个集群的平均值（重心），并将其作为集群的中心（图5-42左）。

对于每个点，选择与中心距离最近（与平均值距离最短）的聚类，并为该聚类分配一个符号。计算每个聚类的平均值，并指定为新聚类的中心。

重复此过程，要分配的群组的符号逐渐改变。当数值不再变化时，这个过程就结束了。在这种情况下，结果如图5-42右图所示。

*k*均值算法可能无法根据初始值正确聚类，例如，在数据分布有偏差时。因此，有时会使用*k*-means++算法，该方法在此基础上有所改进。

商店	工作日销售数量	节假日销售数量
A	10	20
B	20	40
C	30	10
D	40	30
E	50	60
F	60	40
G	70	10
H	80	60
I	80	20
J	90	30

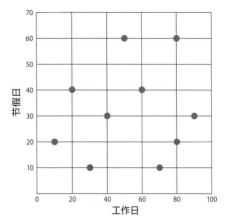

图5-41　　销售数量的数据

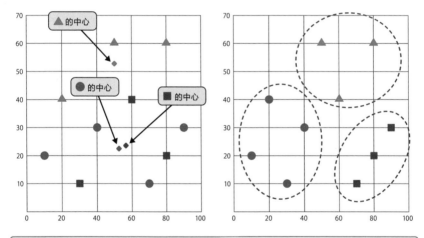

图5-42　　初始状态和结束状态

要点

🖉 一种非层次的聚类方法是 k 均值算法，当你想把数据分成规定数量的聚类时，就可以使用这种方法。

🖉 k 均值算法在一开始就分配了适当的聚类，通过分配接近聚类中心的聚类来自动分组。

» 数据的维度被缩小，并在新的指标中表达

在两个维度上捕获多个维度的数据

学校测试包括语文、数学、英语、科学和社会五个科目。而在看学生的分数和老师对他们表现的评估时，有很多不同的视角。例如，按总分排序，看得分最高和最低的科目；或看分类，如"理科"和"文科"，等等。**从一个或两个维度看五个科目的数据，就会更容易理解每个数据的特点。**

主成分分析是一种以这种方式减少维度的方法：如果数据可以用两个或三个维度来表达，那么数据的特征就可以更容易被可视化和解释。因此，它经常被用来掌握对大量项目的回复，例如在分析问卷时。

找到最大散射的方向

主成分分析在擅长统计的编程语言中很容易进行，比如R语言，也有一些方便的软件，但首先要了解基本算法。

考虑一下将二维数据压缩成一维的例子。在这种情况下，你想找到一个轴，在这个轴上尽可能少地丢失关于原始数据的信息。换言之，你需要找到一个轴，当数据投射到该轴上时，能使数据的分散（散射）最大化（图5-43）。

因此，在主成分分析中，当数据从多维压缩到二维时，也要计算数据的重心（平均值）。然后，从这个重心出发，确定数据的方差最大化的方向。这是第一个主成分。

接下来，在与第一个主成分成直角的方向上确定最大方差的方向。这是第二个主成分。然后在一个平面上用散点图来说明，如图5-44所示。

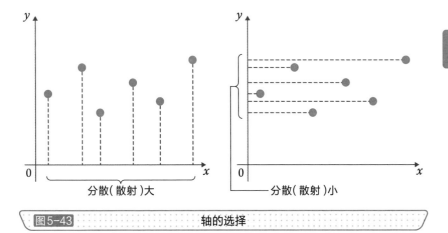

图5-43　　　　　　　　　　　　轴的选择

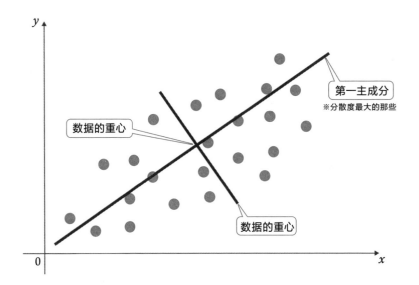

图5-44　　　　　　　　　　　如何确定主成分

要点

🖉 主成分分析可将具有许多维度的数据减少到两个维度。

🖉 主成分分析按照分散增加的方向设置轴。

基础训练

最容易想象到的人工智能应用的例子是围棋和象棋，这在新闻中经常被报道。

许多其他被称为人工智能的产品也出现在我们周围。例如，许多人可能觉得语音识别和翻译已经比十年前准确得多了。

此外，一些声称"配备人工智能"的产品也在陆续出现。例如，即使是功能看似简单的产品，如电动剃须刀和条形码阅读器，也宣传具有人工智能。

当你看到这样的新闻时，试着想象人工智能技术在幕后被用于什么目的，在思考如何将其应用于其他方面时，你可能会得到一个提示。请思考一下下表中产品可能被应用于哪些方面吧。

产品	使用的目的（预期）
例：电动剃须刀	胡子密度检测
例：条形码阅读器	清除条形码污点

第 6 章

其他算法

~ 典型案例 ~

》将问题分割成更小的问题
并记录结果

防止同样的搜索

在几条路径中寻找某个数值时，有时可以通过组合类似的小过程来实现。例如，考虑像图6-1那样的城市的情况，可以调查从左下角到右上角的最短距离的路径数。将经过 A 点的路径数和经过 B 点的路径数相加，可以发现总的路径数。换言之，可以通过计算规模略小于总数的路线数量来找到路线的数量。

同样地，通过计算稍小的路径数，然后将其相加，就可以找到经过 A 点的路径数（图6-2）。这样一来，**要解决的问题就可以分成更小的问题，必要时每个答案都可以用来推导出总体答案**。这种方法就是动态编程。这是英文术语Dynamic Programming的翻译，有时称为DP。

记下执行后的结果

在动态编程方法中，当使用本书第4-7节中介绍的"递归"时，就是记忆化。一个函数上次执行的结果被存储为一个备忘录，当函数被再次调用相同的参数时，**存储的结果被返回而不是执行函数的处理**。

以计算"斐波那契数列"第6项的函数为例。斐波那契数列是由紧接在前的两个项相加得到的数列，如图6-3所示排列。一般来说，如果第 n 项是fib（ n ），可以通过fib（ n ）=fib（ $n-1$ ）+fib（ $n-2$ ）计算。这意味着在计算第6项时，通过递归执行函数来计算，并以相同的参数多次调用。在这种情况下，如果计算结果被保存一次，就不需要再进行第二次计算，可以大大加快计算过程。

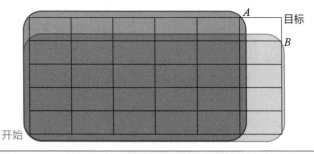

图6-1　　　　　　　　　　动态编程的概念

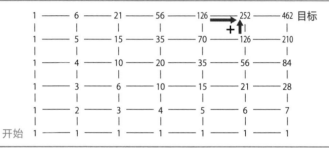

图6-2　　　　　　　　　　动态编程的计算方法

斐波那契数列：1, 1, 2, 3, 5, 8, 13, 21, 34, 55, …

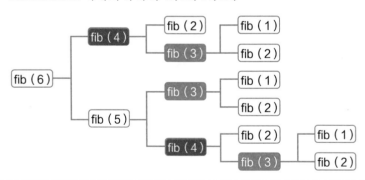

图6-3　　　　　　　　　　　　记忆化

要 点

✎ 动态编程是一种将要解决的问题分成更小的问题，并利用这些答案
得出总体答案的方法。

✎ 记忆化是一种使用递归的动态编程方法。

≫ 减少数据量

减少数量而不损失内容

在通过网络与其他各方交换数据时，数据量越大，通信的时间就越长。另外，在计算机内存储数据时，可以存储的数据量是有上限的，所以有时需要减少数据量。

压缩是在这种情况下减少数据量而不删除数据的一种方式。就像被褥压缩袋从被褥中抽走空气以减少其体积一样，压缩通过从数据中抽走不必要的材料来减少文件的体积，然后根据需要恢复。这种"复原"过程被称为解压（图6-4）。

压缩不仅可以减少数据量，还可以使产生的文件内容无法被人类识别。由于这个原因，它似乎也可以用于加密，但应该注意的是，它不能作为加密使用，因为任何知道解压算法的人都可以还原。

无损压缩和不可逆压缩

有两种类型的压缩：无损和不可逆。在无损压缩中，当一个文件被压缩和解压以创建一个文件时，得到的内容与原始文件相同。对文本文件等使用无损压缩，因为内容与原始文件一样才有意义。另一方面，不可逆压缩在解压后不会产生与原始文件完全相同的内容。然而，只要在外观上没有明显的差异通常都是可以的，如压缩图像、音频和视频等（图6-5）。

压缩前和压缩后的文件大小之比被称为压缩率，数值小被称为"高压缩率"（图6-6）。一般来说，有损压缩的压缩率要比无损压缩的高。根据压缩和解压所需的时间以及压缩率，选择最适合你的应用的压缩方法。

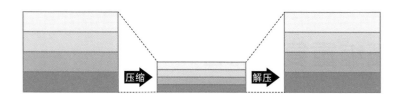

图6-4　　　压缩、解压

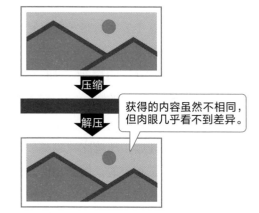

> 获得的内容虽然不相同，但肉眼几乎看不到差异。

图6-5　　　无损压缩和不可逆压缩

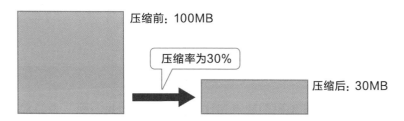

图6-6　　　计算压缩率

要点

- 压缩是一种在不删除数据的情况下减少数据量的方法，而解压是将压缩后的数据恢复到原始状态的过程。
- 压缩方法包括无损压缩和不可逆压缩。

185

》 压缩重复的内容

压缩规律性的东西

一种容易理解的压缩算法是运行长度编码（游程编码），正如运行（继续）长度这个名字所暗示的，它是一种在连续出现相同数值时将其一起替换的技术。

例如，9个"0"的序列，如"000000000"，可以表示为"0×9"，以减少字符的数量。在文本中，相同的字符可能永远不会连续，但在图像中，相同的颜色挨在一起的情况并不少见。换言之，**相同的数值越是连续，压缩比就越高**。因此，运行长度编码在只使用黑白值的情况下是有效的，例如在传真中，非文本区域是白色的（图6–7）。

运行长度编码也有缺点：如果相同的数据不连续，那么数据量可能比原始数据多。例如，当考虑如上所述减少字符数时，给定字符"123456"，将出现"1×1 2×1 3×1 4×1 5×1 6×1"的结果，这比原始数据还多。

根据出现的数值进行编码

与运行长度编码的缺点相比，哈夫曼编码是一种"为经常出现的数值分配一个短比特序列，为不经常出现的数值分配一个长比特序列"的方法。

例如，如果为每个字母分配5个比特，就可以识别32个字符。用这种方法来表示"SHOEISHA　SESHOP"这个字符串需要75位，因为它有15个字符。然而，如果按照图6-8所示的出现次数对同一字符串进行编码，同一字符串可以用49位表示，可以说是被压缩了。

计算连续方块的数量

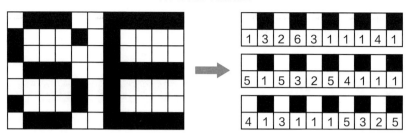

图6-7 运行长度编码

用5比特表示字母表

A	B	C	D	E	F	G	H	I
00001	00010	00011	00100	00101	00110	00111	01000	01001
J	K	L	M	N	O	P	Q	R
01010	01011	01100	01101	01110	01111	10000	10001	10010
S	T	U	V	W	X	Y	Z	空白
10011	10100	10101	10110	10111	11000	11001	11010	00000

> 10011 01000 01111 00101 01001 10011 01000 00001 00000
> 10011 00101 10011 01000 01111 10000

用哈夫曼编码表示

文字	A	E	H	I	O	P	S	空白
出现次数	1次	2次	3次	1次	2次	1次	4次	1次
符号	11110	110	10	111110	1110	1111110	0	1111111

> 0 10 1110 110 111110 0 10 11110 1111111 0 110 0 10 1110 1111110

图6-8 哈夫曼编码

要点

∅ 运行长度编码是一种将连续出现的相同数值压缩成一个的方法。

∅ 哈夫曼编码是一种通过给频繁出现的数值一个短的比特序列来压缩的方法。

》 检测输入的错误

减少错误输入的概率

在输入员工编号、产品编号等时，即使很小心，也可能会出现错误。即使是用机器扫描条形码，如果条形码上有灰尘或污垢，也会出现错误识别。

在这种情况下，可用校验码来检测错误。这种机制被称为校验，**这是一种在原始数据之外，在条形码的开头或结尾添加校查号码的方法，用于身份证号码和驾照号码等。**

在日本身份证号码中，12位数字中的前11位是作为一个连续的数字给出的，而最后一位数字是由其他数字计算出来的（图6-9）。这样一来，如果你输入的某一个数字不正确，校验码就不能匹配，你就会意识到自己犯了错误。这同样适用于条形码，如图书的书号和产品的识别码。

检测产生错误的噪声

当文本在网络上交换时，文本中没有校验码，由于噪声等，数据可能会存在错误，这可能是一个问题。

在这种情况下，奇偶校验码被用来检测噪声的影响。奇偶校验码是一种检查数据以比特串形式存在时的"0"和"1"数量的方法，并根据"0"和"1"是奇数还是偶数，在数据中添加一个0或1的值。

例如，如果添加0或1，使整体中1的数量为偶数，如图6-10所示，如果只有一个比特的数据被颠倒，就可以检测到一个错误。这种使用奇偶校验码检测错误的方法被称为奇偶校验。在固定的块（block）中进行奇偶校验的方法被称为垂直奇偶校验，而在每个块的相同位置进行奇偶校验的方法被称为水平奇偶校验。

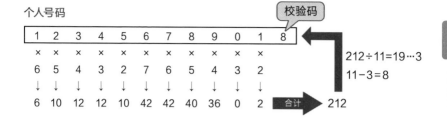

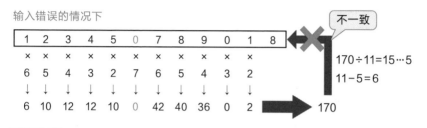

212÷11=19···3

11-3=8

合计 212

不一致

170÷11=15···5

11-5=6

170

图6-9　　　　　　　　　检查个人号码的校验码

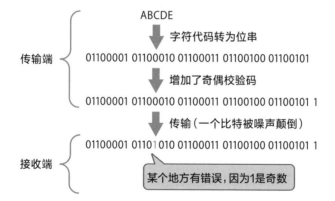

ABCDE

字符代码转为位串

01100001 01100010 01100011 01100100 01100101

增加了奇偶校验码

01100001 01100010 01100011 01100100 01100101 1

传输（一个比特被噪声颠倒）

01100001 01101010 01100011 01100100 01100101 1

某个地方有错误，因为1是奇数

传输端

接收端

图6-10　　　　　　　　　　奇偶校验码

要点

⬚ 校验是指在原始数据的基础上，在数据（如身份证号码）的开头或结尾添加一个校验码，以防止输入错误。

⬚ 奇偶校验码用于检测网络上的噪声。

》消除噪声和杂声

自动纠正错误

有了校验码和奇偶校验码，输入中哪怕出现一个比特的噪声都可以检测出来。然而，它只能检测，问题必须由人去检查和纠正。另外，如果有两个比特被颠倒了，就不能检测到。

在网络上交换数据时，可能途中会加入噪声，导致一些数据无法被正确读取。在这种情况下，有一种方法可以把数据重新发送回去，但一次又一次地送回去，会浪费时间。

因此，如果收到的数据只包含一些错误，那么就可以进行纠正，这是很方便的。**允许纠正错误的编码（即使只有少数错误）被称为**纠错码。

纠正或发现一些错误的编码

汉明码是一种典型的纠错码。使用汉明码，如果一个块单元中的错误是一个比特，就可以被纠正，而两个比特的错误仍然可以被检测出来。例如，如图6-11所示，如果有4位数的数据，则传输带有3位数奇偶校验码的7位数数据。如果最左边的数字在接收端被颠倒了，以同样的方式计算奇偶校验码将导致奇偶校验不一致。这表明最左边的数字是倒置的，可以进行纠正（图6-12）。

在4位数的数据中加入3位数的校验码似乎很浪费时间，但随着位数的增加，浪费就不那么明显了：对于11位数的数据，加入4位数的15位数的数据；对于26位数的数据，加入5位数的31位数的数据，等等。

在实践中，经常使用里德-所罗门码（Reed-Solomon Codes），即地面数字广播、二维码和数字视盘（DVD）中使用的纠错码。

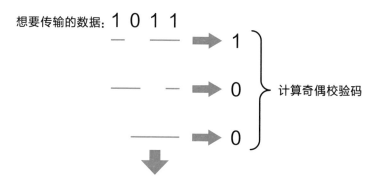

想要传输的数据：**1 0 1 1**

1 ⎫
0 ⎬ 计算奇偶校验码
0 ⎭

要传输的数据：**1 0 1 1 1 0 0**

图6-11 .... 汉明码

接收的数据：**0 0 1 1 1 0 0**

1 ⎫
1 ⎬ 与前面两个相同、
0 ⎭ 与下面一个不相关
的比特（位）是很奇
怪的

图6-12 .... 用汉明码进行纠错

要点

🖊 一个不仅能检测错误，还能纠正错误的代码，被称为纠错码。

🖊 纠错码包括汉明码，它可以纠正一个比特的错误并检测一个两比特的
错误。

» 通过加密算法提高安全性

防止他人读取文本

在交换文本时，有一种方法可以根据同行事先决定的规则进行转换，以确保只有同行能够理解。使原始信息不被他人所知的转换，称为加密（图6-13）。

加密文本的接收者想要知道原始文本，需要恢复这一过程，这被称为解密（有些文献使用"解密化"一词，但一般使用"解密"）。转换后的文本被称为密文，原始文本被称为明文。如果转换规则很简单，当同行以外的人拿到密文时，就可以恢复（解码），所以转换规则需要尽可能地复杂。

在互联网上使用的现代密码

多年来，密码学一直是许多研究的主题。已知的例子包括"替换密码"和"换位密码"，前者将不同的字符分配给明文字符，后者则将明文字符重新排列（图6-14）。

在密码学中，除了"转换规则"（算法），"密钥"（如对应表）也起着重要的作用，因为如果对应表被改变，由同一替换算法产生的密文将完全不同。

即使根据密钥可以获得不同的密文，但产生的模式是有限的，一旦在可以使用循环等的环境中知道转换规则，就可以很容易地破译。在这种情况下，通常不仅要对密钥保密，还要对算法保密，这被称为"经典密码"。

另外，"现代密码"则是即使转换规则被别人知道，只要密钥不被知道就很安全，用于互联网上的交换。经典密码通常用于研究目的，因为加密和解密的内容很直观。

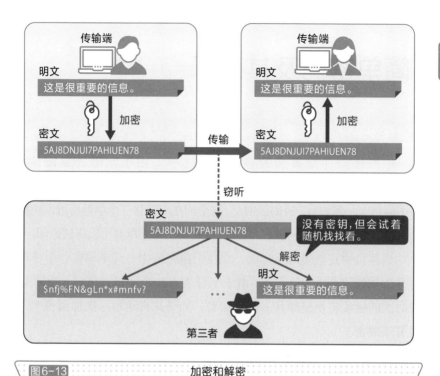

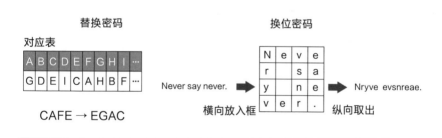

∅ 转变原始信息使其不为他人所知的过程被称为加密，而将其恢复到原始状态的过程被称为解密。

∅ 替换密码和换位密码已经被研究了很久，被称为经典密码。

>> 简单密码及其破译

转移字母表的位置

恺撒密码是最著名的替换密码之一。**由于字母表是按从A到Z的顺序排列的，这种方法通过移动一定数量的字母进行加密**（图6-15）。例如，"SHOEISHA"这个词在向后移三个字母后可以转换为"VKRHLVKD"。解密时，向反方向移动三个字母就可以得到原词。

当移位一定数量的字母时，如在恺撒密码中，简单移位13个字母的方法被特别称为ROT13。由于字母表有26个字母，将13个字母移位两次的过程将恢复原状。这意味着，如果你再运行一次加密程序，就可以解密。

统计学上的密码分析

破解像恺撒密码这样的替换密码，经常使用统计学的分析方法。**这种方法从统计学角度考虑经常出现在一个句子中的字母，并利用这些字母来破译句子。**

例如，众所周知，字母"e"在英语文本中经常出现。也经常出现"he"这个词，如果有三个字母，而且最后一个字母是"e"，"t"和"h"也可能被用到。相反，字母"j""k""q""x"和"z"不经常出现。如图6-16所示，密文被逐步填入表格中。在这种情况下，如果我们将明显出现较多的字母"r"预测为"e"，我们就可以预测"gur"是"the"。

此外，如果我们考虑密文第二行的第一个词，它的结尾是两个相同的字母，我们可以预测出以"ll"结尾的词，如"shall"。如果你看一下这些字母的对应表并注意到其规律性，你可以确定其加密方法是ROT13，这样就有可能猜出原句。

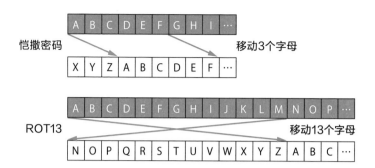

图6-15　　　　　　　　　恺撒密码和ROT13

【密文】

tbireazrag bs gur crbcyr, ol gur crbcyr, sbe gur crbcyr,

funyy abg crevfu sebz gur rnegu

字母	a	b	c	d	e	f	g	h	i
次数	3	8	7	0	5	2	7	0	1

字母	j	k	l	m	n	o	p	q	r
次数	0	0	1	0	2	1	0	0	14

字母	s	t	u	v	w	x	y	z
次数	3	1	7	1	0	0	5	2

【原始字母】

government of the people, by the people, for the people,

shall not perish from the earth

（林肯的葛底斯堡演说）

图6-16　　　　　　　　　密码分析技术的实例

要点

- 恺撒密码和ROT13是将一定数量的字母按字母表顺序进行移位的方法。
- 如果它是一个简单的密码，运用统计学分析文本中出现的字母，也许可以破译它。

» 低负载加密技术

使用相同的密钥进行加密和解密

恺撒密码在加密和解密时使用相同的密钥（要移位的字符数）。使用相同的单一密钥进行加密和解密操作的技术被称为共享密钥加密（又称对称密钥加密）（图6-17）。它也被称为私钥加密，因为钥匙必须保密——如果知道了钥匙，就有可能解密密文。

共享密钥加密易于实现，并允许快速加密和解密。在加密大文件时，处理速度很重要，速度低，处理过程需要耗费大量的时间。顺序加密方法，如恺撒密码的逐字处理，被称为"流加密"。除了流加密，现代密码通常使用"块加密"，它以一定长度的批次（块或组为单位）而不是字符单位进行加密，包括DES加密、三重DES加密和AES加密等。

我怎样才能安全地把密钥交给不在身边的人？

在使用互联网时，另一方可能在一个遥远的地方，这就提出了如何将密钥交给他们的问题。这被称为密钥配送问题。如果在没有加密的情况下通过互联网发送密钥，其他人会知道这些密钥，所以需要其他方法。

可以使用其他方法，如当面交接或邮寄，但与你交流的人越多，你需要的密钥就越多。不仅交付困难，而且密钥的数量也是一个问题。

一种类型的密钥足以满足两个人的需要，但如果三个人各自用不同的密钥进行交流，就需要三种不同的密钥。这个数字随着人数的增加而迅速增加，四个人需要六种不同类型的密钥，五个人需要十种不同类型的密钥，因此我们需要妥善管理大量的密钥（图6-18）。

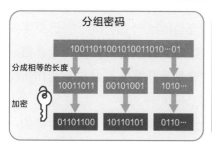

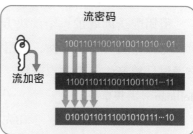

图6-17   共享密钥加密

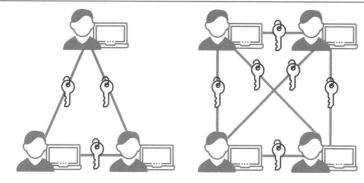

图6-18   使用相同的密钥

要 点

✎ 使用相同的单一密钥进行加密和解密的方法,被称为共享密钥加密。

✎ 块加密在现代密码学中广泛使用。

✎ 在共享密钥加密中,存在着如何将密钥传递给远方的另一方的密钥配送问题。

» 安全的密钥共享

密钥配送问题的解决方案

密钥配送问题的一个解决方案是Diffie-Hellman密钥交换。虽然它被命名为密钥交换，**但密钥实际上并没有被交换，而是每一方通过计算产生一个共享密钥**。这就是为什么它有时被称为Diffie-Hellman密钥共享。

举例来说，比如A先生和B先生想分享一个共享密钥。关键的一点是，他们不是直接把共享密钥传递给对方，而是共享一个产生密钥的值，并且可以通过用这个值进行计算，各自产生相同的共享密钥。具体来说，图6-19所示的程序被用来生成共享密钥。

第三方不需要密钥的公式

首先，每个人都用一个随机数生成一个值：假设A生成的值是5，B生成的值是6，以此类推。这些值并不为对方所知，而是在个人手边保密。

接下来，用某个素数 p 和一个较小的值 g 作为共享密钥，每个人都将共享这个密钥。有必要使用尽可能大的数字，这里我们设定 $p=7$，$g=4$。

此外，每个人都用自身拥有的随机数给 g 加权，用这个数字除以 p，然后把余数给另一方。另一方计算收到的余数的 g 值，并将其除以 p，得到余数。已经证明，这些余数是匹配的，这个余数被用作共享密钥。在这种情况下，结果是1（图6-20）。

其机制是，这个共享密钥没有被公开，所以它不为他人所知。即使第三方知道公钥，他们也无法找到共享密钥，因为他们不知道公钥所产生的值。

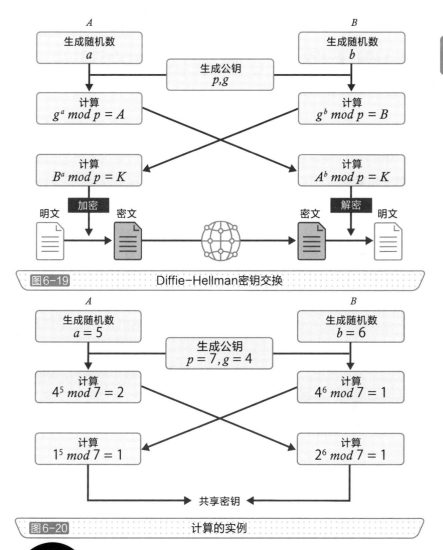

图6-19　Diffie-Hellman密钥交换

图6-20　计算的实例

要点

✐ Diffie-Hellman密钥交换是共享密钥加密中密钥配送问题的一种解决方案。

✐ 在Diffie-Hellman密钥交换中，只需用生成的值作为公钥进行多次计算，就可以生成一个共享密钥。

》利用大整数分解素因数的困难

公钥的结构

Diffie-Hellman密钥交换产生了共享密钥，**而使用不同的密钥进行加密和解密的方法**是公钥加密（非对称加密）。用于加密和解密的密钥不是相互独立的，而是成对的：一个是公钥，可以向第三方披露；另一个是私钥，它决不能被除当事人以外的任何人知道。

例如，当A先生向B女士传输数据时，B女士准备了一对公钥和私钥，并将公钥公开；A先生用B女士的公钥对数据进行加密，并将密文发送给B女士；B女士用她的私钥对收到的密文进行解密，得到原始数据。然后B女士用私钥来解密数据。此时，由于密钥只为B女士所知，即使密文被第三方截获，也无法解密（图6-21）。

在公钥加密中，**每一方只需要两把密钥（公钥和私钥），即使通信方数量增加，需要准备的密钥数量也不会增加。**在交换密文时，接收方只需公布其公钥，因此不存在共享密钥加密中的密钥如何传递的问题。

通常使用的手法

一个典型的公钥加密算法是RSA加密算法（图6-22），以其开发者名字的第一个字母命名，它利用了对大整数进行素因数分解的困难。与Diffie-Hellman密钥交换相比，RSA加密算法也可用于数字签名，这是它的优势。

素因数分解是指分解成素数的乘积，例如：$6=2 \times 3$，$8=2 \times 2 \times 2$。较小的数字很容易被分解，但当数字大到$10001=73 \times 137$时就不那么容易了。反方向的乘法很容易，但分解很难。

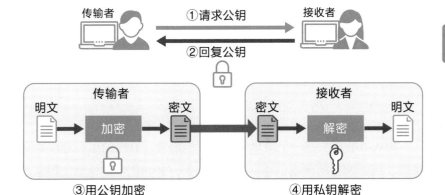

图6-21　公钥加密

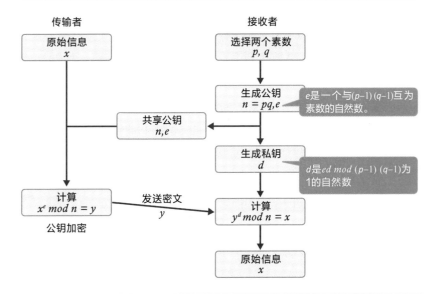

图6-22　RSA加密算法

要点

- 公钥加密法是一种使用不同密钥进行加密和解密的方法。
- RSA加密算法是一种公钥加密算法，它利用了大整数分解素因数的困难。

》 用短密钥保证安全

改进密钥过长的问题

RSA加密算法是一个简单的机制，但随着计算机的运行速度越来越快，用于加密的密钥也越来越长。目前，2048比特是标准，但据说到2030年，必须是3072比特才能保持安全。**增加密钥数字的数量需要更多的时间用于加密过程**，所以最近开始使用一种被称为椭圆曲线加密的技术。如图6-23所示，椭圆曲线加密使用椭圆曲线，而不是素因数分解。问题是，当重复在点P处画切线并将交点的y坐标符号颠倒的操作时，可以很容易地找到第n个P，但很难从P和第n个P的位置找到n。

根据NIST（美国国家标准与技术研究院）SP800-57（密钥管理建议），2048位RSA加密算法和224～255位椭圆曲线加密算法被认为是同样安全的，后者具有需要较少数字的优势。

破译密码所需的时间缩短

由于计算机性能的提高或密钥的泄露，一个密码可以被破解或被认为是不安全的，这种情况被称为密码危机（图6-24）。例如，在算法方面，有一个"2010年的加密算法问题"，它要求在2010年之后的RSA加密算法使用2048位密钥而不是1024位，散列函数使用SHA-256而不是MD5或SHA1。

换言之，**由于计算机性能的提高，解密变得不那么费时了。**在此之前被认为足够安全的东西，也变得不再安全。这在未来还会多次发生。其他的可能性包括，如果量子计算机投入实际使用，RSA密码和椭圆曲线密码可能会被轻易破译。

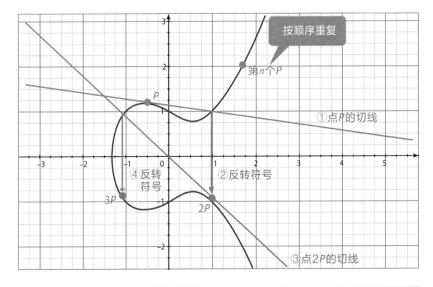

按顺序重复

第 n 个 P

①点 P 的切线

④反转
符号

②反转符号

$3P$

$2P$

③点 $2P$ 的切线

图6-23　　　　椭圆曲线加密

发现和开发新的
攻击方法

随着计算机性能的提高
变得容易破解

密码丢失或被盗

图6-24　　　　密码危机的实例

要 点

🖋 椭圆曲线加密的密钥长度比RSA加密算法的短。

🖋 即使一个加密方案目前是安全的，它也可能随着时间的推移被破解，
这被称为密码危机。

» 用于社交媒体的算法

在顶部向用户展示他们感兴趣的内容

在脸书（原名Facebook，现更名为Meta）上，其他用户的帖子不仅按时间顺序显示，而且还按用户可能感兴趣的顺序显示。据说，用户以前的行为，如访问历史、他们正在查看的内容类型（视频、图像、文本等）和其他人的帖子的受欢迎程度，都被用来确定他们是否可能对某件事感兴趣。

推特（Twitter，现更名为X）还将新推文以及被认为最合适用户查看的帖子放在列表的首位。即使是没有被关注的用户的帖子，如果被他人喜欢或转发，也会被显示出来。还有一个叫作"主题"的类别，显示用户感兴趣的项目（图6-25）。

这些算法没有公开，所以细节不详。然而，如果你使用这些社交媒体进行营销，你需要做出各种努力，**以确保你创建的内容获得大量的关注度**。除了单纯的发布之外，社交媒体还经常使用收取广告费等方法来提高内容的优先级。

朋友的朋友是朋友

简单地说：你和任何一个陌生人之间所间隔的人不会超过六个，也就是说，最多通过六个人，你就能够认识任何一个陌生人，这种想法被称为六度分隔（图6-26）。

例如，如果A有23个朋友，那么他也有23个朋友的朋友，以此类推……$23^6=148035889$人。这比日本的人口还要多。

对于许多人来说，朋友的数量大于23，假设是45，那么$45^6 \approx 83$亿人，这比世界人口还要多。

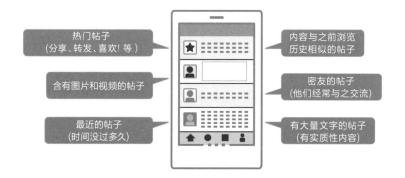

图6-25 社交媒体显示的帖子

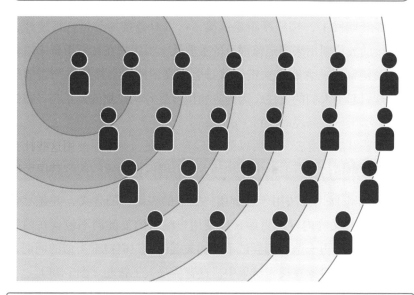

图6-26 六度分隔

要点

- 在社交媒体上，帖子不仅按时间顺序显示，而且出现的顺序是由人工智能算法决定的，该算法考虑到了一系列的条件。
- 如果你关注朋友的朋友，那么你在大约六步内认识的人会轻松超过日本的人口数量。

205

» 谷歌的算法

有许多来源的网页更值得信赖

图书和文章的参考文献有时会列在末尾。一篇高知名度或重要的论文，会被许多文章和其他出版物列为参考文献。此外，被引用次数多的论文被认为更重要。这种概念也被用在谷歌的网页排名中（图6-27）。

在互联网上，按顺序跟踪链接，可以对链接的数量进行统计，而链接的数量则用来确定该网页的重要性。当用户在搜索引擎中输入一个关键词时，含有该关键词且排名较高的网页会显示在列表的顶部，这引起了人们的关注，因为它使用户更容易找到他们正在寻找的内容。

用人工智能来确定内容的相关性

RankBrain方法用于理解用户输入的关键词的含义，并显示包含符合该含义的内容的页面，即使用户输入的关键词不包含在内容中。**用户不用再一遍一遍尝试不同的关键词**，只需搜索类似的词汇，它们就会自动显示在搜索结果中。这背后是人工智能（图6-28）。

人工智能自动学习许多用户输入的搜索词，并利用自然语言处理识别他们想知道的信息，并显示最佳搜索结果。具体的内部算法不得而知，但很明显，算法在持续改善，以确保即使是模糊的搜索也能产生高度准确的结果。

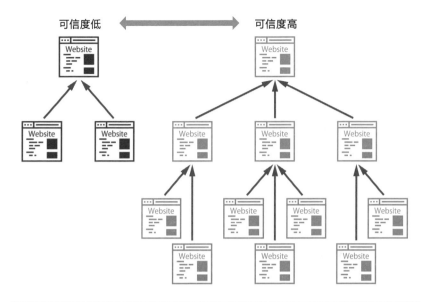

图6-27 网页排名

图6-28 RankBrain的实例

要点

✎ 网页排名是一种根据互联网上的链接来确定一个页面重要性的方法。

✎ RankBrain是一项将与用户输入的关键词相关的内容显示为搜索结果的技术。

在没有事先获得信息的情况下做出决定

在做出决定之前，先尝试几个想法

在设计一个新网站时，有时很难决定在几个方案中选择哪一个。在这种情况下，不应该在会议上讨论，而是实际发布和操作多个想法，并采用效果最好的一个。A/B测试就是这样一种网页优化方法，可以用于增加转化率、注册率等网页指标（图6-29）。

在网站中，对某些页面的访问可以使用负载均衡器或类似的方式自动进行排序。这样就可以检查多种设计的结果并做出决定。

展示更多的好成绩，并调整奖励

虽然A/B测试很有用，但它只能用于收集一定时间内的数据。这意味着在经过一段时间后才能对结果进行评估。在这段时间内，本来可以获得的销售额可能会损失掉。

在现实中，人们想在有限的次数内选择一个能带来最佳效果的方法。Bandit算法是一种将获得的奖励调整到最大的方法，例如，以概率的方式展示更多具有良好效果的设计。换言之，它在收集（搜索）数据的同时改变行为（图6-30）。

比如你在某家商店的收银台前排队等候。在考虑哪个收银员收银最快时，A/B测试方法是将所有收银员各试10次，找出平均时间。在这种情况下，你会找到收银最快的收银员，但你也不得不在最慢的收银员那里排队多次。

另外，Bandit算法则找能够更快地结账的收银员结账。这样做更有效率，因为它减少了你在最慢的收银员那里等待的次数，但在某些情况下，你可能没有意识到有一个"更快的收银员"。

由于两种方法各有利弊，需要针对不同的目的进行选择。

哪一种卖得更多？

模式A

模式B

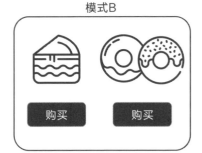

图6-29 A/B测试

逐一尝试，直到把它们统计出来，然后从统计结果中选择一个行动

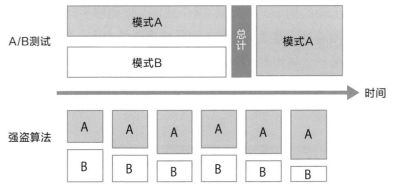

实时汇总的同时，选择高概率行动

图6-30 Bandit算法

要 点

  ✎ A/B测试中，多个建议被公开提供和操作，并根据结果来做决定。

  ✎ Bandit算法是一种从概率上选择具有最佳结果的方法，并对其进行调整以使获得的奖励最大化。

≫ 使访问所有城市的成本最小化

找到最短的旅行距离

随着输入规模的增加，需要大量处理时间的算法，其中一个例子是旅行推销员问题。这是在有 n 个城市且每个城市之间的距离已知的情况下，**寻找访问所有城市并返回第一个城市的最短距离的问题。**

例如，假设有4个城市A、B、C和D，它们之间的距离定义如图6-31所示。在这种情况下，如果你按照A→B→C→D→A走，走的距离是31。如果你按照A→C→B→D→A走，走的距离是28，是最短的。

就像上面的例子，如果只有4个城市，就能够手动检查所有的城市，但随着城市数量的增加，路线变得非常庞大。如果有 n 个城市，那么第一个城市有 n 种选择方法，接下来是除去最初选择的城市的 $n-1$ 种选择方法，以此类推，依次递减，所以总的处理时间是 $O(n!)$。

在维持秩序的同时，寻求尽可能短的时间表

一个类似的例子是调度问题。其中，护士排班问题是指在医院工作的护士和其他工作人员的工作分配要满足设定的约束条件（如资格、公平等）。还有作业车间调度问题和流程车间调度问题，如图6-32所示，这些问题考虑的是如何通过多台机器和人员分配来完成连续的工作，使整体时间最小化。

这些问题如果涉及的数量少，也可以手动解决，但如果涉及的数量大，调查的数量就会一下子增加。由于需要大量的计算，它们与旅行推销员问题一样难以解决。

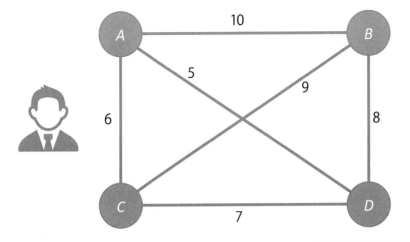

图6-31 旅行推销员问题

工作	机械（处理时间）		
J_1	$M_2(5)$	$M_1(4)$	$M_3(4)$
J_2	$M_1(2)$	$M_3(5)$	$M_2(3)$
J_3	$M_2(3)$	$M_3(2)$	$M_1(5)$

处理顺序 →

依次运行所有工作时，最大限度地
减少整体时间。

机械	1	2	3	4	5	6	7	8	9	10	11	12	13	14	15
M_1	J_2					J_1				J_3					
M_2	J_1					J_3			J_2						
M_3			J_2						J_3		J_1				

图6-32 工作车间调度问题

要点

☑ 旅行推销员问题是指，在访问了所有城市并返回第一个城市后，寻
  找其中最短的旅行距离的问题。

☑ 与旅行推销员问题类似，随着问题数量的增加，调度问题也很难
  解决。

» 使所装货物的价值最大化

最大限度地提高价值是很困难的

背包问题经常被用来作为例子说明计算时间是如何随着输入数量的增加而迅速增加的。它是指当物品被选中，使其重量小于或等于指定的重量并被放入背包时，使具有指定重量和价值的物品的价值最大化的问题。

例如，考虑有5个货物的情况，如图6-33所示。当背包中可放置的最大重量为15千克时，考虑使物品的总价值最大化的货物组合。如果我们从最大的物品中选择，D和E满足条件，因为它们重14千克，这种情况下的金额是800日元。然而，如果我们选择B、C和D，它们同样是14千克，但金额是1100日元，金额增大了。如果选择A、C和E3个，就满足了15千克的条件，但总金额是1500日元，3个C是1800日元，7个A是2800日元（图6-34）。

如果你一次只能选择一个

如果我们假设每个货物一次只能选择一个，那么上面的例子就更简单了。如果你只需要像上面那样处理大约5个项目，那就很容易了，如果有n个项目，比如是否包括A，或者是否包括B，那么就需要2^n次不同的检查。这就是$O(2^n)$算法。这个一次只能选择一个项目的问题被称为0-1背包问题，并且已知有几种更有效的算法。

在上述情况下，当选择A、C、E三样物品时，在满足15千克要求的情况下，总金额为1500日元，这就是最大值（图6-35）。

如果问题可以在多项式时间内处理，使用现代计算机可以在一定规模内解决，但对于指数时间的算法，如$O(2^n)$，则必须注意，因为当n增加一点时，处理时间会显著增加。

物品	A	B	C	D	E
重量	2千克	3千克	5千克	6千克	8千克
价格	400日元	200日元	600日元	300日元	500日元

图6-33　　　　　　　　　背包问题的实例

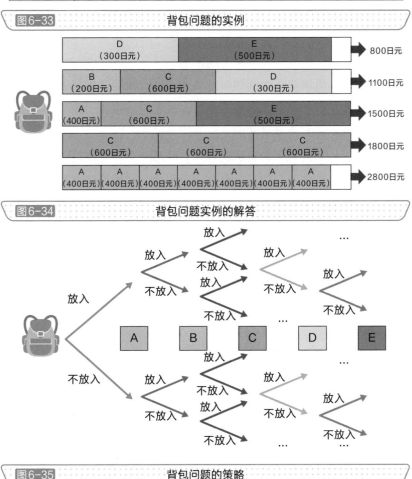

图6-34　　　　　　　　　背包问题实例的解答

图6-35　　　　　　　　　背包问题的策略

要点

⌀ 将小于或等于指定重量的物品放进背包中时，使背包的价值最大化的问题被称为背包问题。

⌀ 每次只选择一个项目的问题被称为0-1背包问题。

213

》无法解决的算法

最简单的计算机

当用计算机解决一个问题时，并非只能在特定的设备上或用特定的编程语言进行。一个问题能否由计算机解决，要从一个数学算法能否由计算机实现的角度来考虑。

因此，**我们简化了计算机的操作，考虑一个可以进行任何类型计算的模型**。这被称为图灵机，存在一个解决问题的算法意味着图灵机计算出了解决方案并停止。

如图6-36所示的磁带被方块所分隔，将其当作一个图灵机考虑。磁头在这个磁带上来回移动，一次一个方块，在磁带上读写数值，这个过程就这样进行着。这是一个非常简单的结构，但它足以实现一个计算机算法。

识别停机的方案

在创建程序时，如果不正确地指定一个条件，可能会出现无限循环的情况。在这种情况下，除非被强行终止，否则程序不会停止。

为了避免创建这样的程序，最好事先确定该程序是否会无限循环。停机问题考虑的就是，是否有可能创建一个"决定某一程序是否停止"的程序（图6-37）。

在实践中，已经证明这种确定任意程序停止（不无限循环）的程序是不可计算的，也就是说，不存在这样的算法。图灵机可以证明这一点。

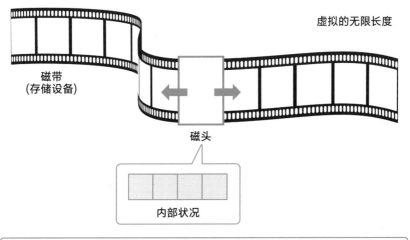

虚拟的无限长度

磁带
(存储设备)

磁头

内部状况

图6-36 图灵机

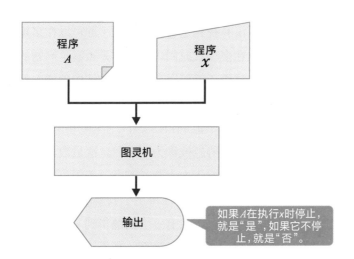

程序
A

程序
x

图灵机

输出

如果A在执行x时停止，就是"是"，如果它不停止，就是"否"。

图6-37 停机问题

要点

⌀ 图灵机是一个抽象的计算机模型。

⌀ 停机问题考虑是否有可能创建一个程序，来确定一个给定的程序是否会停止的问题。

» 如果解决了就能得到一百万美元？非常难以解决的问题

P和NP是否相等？

在考虑解决某个问题的算法时，**已经找到可以在多项式时间内解决的算法的问题的集合被称为P类**。换言之，这类问题的算法在最坏情况下的时间复杂性为 $O(n)$、$O(n^2)$ 或 $O(n^3)$。这是一个现实中可以解决的问题，尽管当 n 较大时，需要一定的时间（图6–38）。

另外，对于像旅行推销员问题这样的问题，有几种已知的算法比 $O(n!)$ 更有效，但还没有找到足够快的算法（即可以在多项式时间内解决）。然而，可以在多项式时间内确定它是否满足问题的条件。**一个理论上可以解决（是否正确可以在多项式时间内确定）但在现实时间内无法解决的问题的集合被称为NP类**。

一般来说，人们知道P类包含在NP类中，但不知道P类和NP类是否相等。P类和NP类相等的猜想被称为P=NP。这是数学中极为重要的未解决的问题之一，即千禧年七大数学难题（美国克雷数学研究所提出的数学中七个未解决的问题。谁得出了其解决方案将获得100万美元的奖金；截至2021年10月，只有一个问题得到了解决）。许多数学家对P=NP和P≠NP都提出了所谓的证明，但至今还没有答案。

NP困难和NP完全

与NP类中任何问题都同样难以解决或比NP类中任何问题都更难以解决的问题被称为NP困难。而既是NP困难又是NP类的问题，则称为NP完全问题（图6–39）。

旅行推销员问题、背包问题和工作车间调度问题被认为是NP困难问题。

n	$\log_2 n$	n^2	n^3	2^n	$n!$
5	2.3	25	125	32	120
10	3.3	100	1000	1024	3628800
15	3.9	225	3375	32768	1307674368000 $=1.3 \times 10^{12}$
20	4.3	400	8000	1048576	2.4×10^{18}
25	4.6	625	15625	33554432	1.6×10^{25}

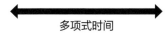

多项式时间

图6-38　　　　多项式时间

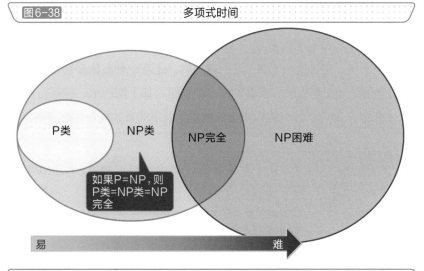

P类　NP类　NP完全　NP困难

如果P=NP，则P类=NP类=NP完全

易　　　　　难

图6-39　　P类、NP类、NP困难和NP完全的关系

要点

✎ 已经找到可以在多项式时间内解决的算法的问题集合被称为P类，在理论上可以解决但在现实时间内不能解决的问题集合被称为NP类。

✎ 不知道P类和NP类是否相等，但有一个猜想认为它们相等，这被称为P=NP猜想。

基础训练

让我们计算一下"惠方卷"的方向

最近，在节分吃惠方卷的习俗不仅在日本关西地区传播，还在日本关东地区广为流传[①]。每年，人们都想知道今年他们会朝哪个方向吃。

既然说是"南南东"，人们会认为有很多方向，但实际上只有下表中的五个（实际上是四个）。方向是根据公历来决定的。

有多种方法来写一个程序寻找惠方。首先是找到年份的最后一位数字。一种方法是把年份看作一个字符串，然后去掉最右边的字符，而另一种方法是把年份看成一个数字，然后除以10，得到余数。

接下来，在对这一位数字进行排序时，还有一种方法是创建一个写有10个条件分支的程序，或者创建一个数组，如下图所示，将年份视为除以5的剩余部分。你也可以考虑如何以更简单的方式编写你的方案。

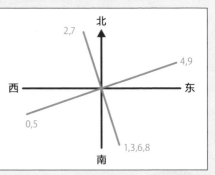

公历年份的最后一位数字	惠方
0,5	西南西
1,6	南南东
2,7	北北西
3,8	南南东
4,9	东北东

```
year = 2021          # 设置年限
ehou =["西南西 ", "南南东 ", "北北西 ", "南南东 ", "东北东 "]
print(ehou[year % 5]) #输出与设定的年份相对应的祝福语
```

[①]　在日本，节分主要指立春的前一天。在这一天中，一些日本地区有朝着"惠方"（吉利的方位）吃惠方卷的习俗。——译者注